時計とらんぷの小宇宙へ

武笠幸雄

武笠　幸雄　木版彩色「涙の雫」（昭和五九年）二七×一九cm

武笠　幸正

水彩「木彫四ツ丸掛時計」（平成一二年）一一×七cm

序

良き時代の懐かしい古時計・和らんぷとの語らいと、時を忘れ時を楽しむ心あるものたちとの触れ合いは、遠い日のウエストミンスターが時を刻み奏でるようだ。古いセコンドの妙なる音階的な波長の美色と音色の魅惑、そして硝子細工の波形とギヤマンの煌めきと色彩の美しいメルヘンティックなヴィクトリアン・ランプの灯……本物だけがもつ味わい……長い時のなかで息づいてきた愛すべき古時計と和らんぷたち。年配の人には郷愁を、使い捨て文化を生きる現代の若者には新鮮な驚きをもたらす古時計と和らんぷたち。ひとつびとつ心をこめ、手づくりの技をつくし、工夫と苦心をかさね、誇りをもった時計師やビードロ師によって作り出された古時計と和らんぷたち。大切に使ってきた人たちの人間性さえ映し出す古時計と和らんぷたち。今の人間の冷めた心を癒す不思議な奥深い魅力を漂わせる古時計と和らんぷたち。審美的で神秘的な陰翳ある濃やかな関係の愉楽をもたらしてくれる古時計と和らんぷたち。私は一人のアンティック愛好者として、これら古時計と和らんぷに強い愛着を抱いている。寡黙な庶民が愛し、親しみ、身近に楽しんだように。生活という素朴な時空に囲繞され佇み磨かれた形象に。今日、それらが理解ある人たちの手に所蔵され、綺麗な状態に手入れされ、慈しみ保存されんことを私は心底信じ念願せずにいられない。

本書は、古時計と和らんぷの研究者・マニア・コレクター、さらには、これから勉強し、収集してみたいという人たちのために編まれた。私はここに古時計と和らんぷのコレクションのおおよそを掲げ、私なりにそれらの解説を施し、また収集のノウハウも加えた。本書は、現時点における私と古時計・和らんぷたちとの関係通史であり、そのほぼ全てを公開・提供したつもりである。どうか本書が古時計と和らんぷを愛する人たちの座右の友にならんことを。著者にとってそれに勝るしあわせはない。

武笠　幸雄

棟方　志功
木版「時計」（十二支指示図文字）三〇×三〇cm

もくじ

川上 澄生
色彩木版「時計」（昭和一九年刊）九×一二cm

和時計　人工精緻をきわめた世界遺産

日本における機械時計の嚆矢は和時計（大名時計）である。それは江戸時代に日本人の時計師が創ったもので、日本だけで役立つ特殊な時計である。初めて日本に機械が伝来したのは天文二〇（一五五一）年、天主教会の宣教師ザビエルによってもたらされた小型重錘時計といわれている。和時計は、その西洋から舶来した重力掛時計を模作することによって誕生した。つまり、西洋時計（二四時間定時法）を日本時計（一昼夜十二刻の不定時法）に作り替えられた。最初期の一挺天府式は、昼と夜の調節を要す面倒なものだったが、後に自動調節する二挺天府式に工夫された。部品はすべて手細工で作り上げられたため、一作ごとに案を立て設計図を書き、したがって最高級の和時計を仕上げるのに数年が費やされたといわれている。同じものの再製作は不可能に近く、また時計師のプライドもそれを許さなかった。名人といわれる時計師は将軍や大名の御抱えとなっている。家康に認められた名古屋の初代・津田助左衛門、広田理右衛門、嘉永年間にオルゴール入り枕時計を作った小林伝次などは有名である。時計の顔ともいえる文字盤は、和時計の場合とくに際立っている。そこには日本で慣習化されていた不定時法を直に反映した二通りの文字様式がみられ、一つは、旧来の十二辰刻に沿い深夜を九ツ、一刻毎に八ツ・七ツ・六ツ……、正午を再び九ツ、また八ツ・七ツ……そして深夜九ツとする和数字表示、もう一つは、時刻を方位に結び付け、子丑寅……と配した十二支式。和時計の文字盤はこの何れかで表示されている。しかしやがて、和時計と一心同体の不定時法は、明治期の欧化主義・文明開化策で排され、その代わりに定時法の採用となる。こうして和時計の時代は幕を閉じたのである。

和時計／掛時計・日本製（江戸初期）幅一〇・五cm

一挺天府、回転式文字盤、鐘（目覚）付き。天府式、銅側、鉄機械、指針を固定した文字盤（一枚板）回転式など、和時計の最初期（一六五〇年頃）にみられる特色を備えている。私の所蔵品中これが一番古い。日本に現存する機械時計の最古のものは、一六一二年にスペイン国王フェリペ三世が徳川家康に贈った置時計（静岡の久能山東照宮に収蔵）だが、本品はその三八年後に創られたということになる。

動力は重錘式で、元来は時計本体を乗せる台が付き、それを柱に掛けて用いた。上部の鐘は、古いものほど深く大きく、時代が降りるにつれ浅くなる。また、初期のものは素朴だが、後期のものは機構・装飾が複雑化して豪華になる。その点からみても本品の古さがうかがえる。不定時法の刻印を纏った和時計の逸品といえるだろう。

兵隊時計・ドイツ製（明治初期）高七〇ｃｍ

外枠は全体が木材で、葡萄の葉・房の彫紋が入る。振り子玉は三重円輪枠の形。中央の文字盤も木材で、平らな板の上に盆状の縁を削り出した円板を取り付け、そこに動物の白い骨を小刀で彫った指針を施し、ローマ数字が小さな釘で打ち付けられている。文字盤の上には窓があり、その中にラッパを吹く兵隊人形がいる。一五分になると窓が開き、兵隊人形が前方に乗り出しラッパを一回吹く。終わると内に引っ込み窓が閉まる。三〇分になると、同じ動きの中で二回吹き、四五分には三回、六〇分の四回を吹き終わると、乗り出した人形はそこで時刻の数だけ吹き続ける。動車は鉄物の分銅で三つあり、細い鎖で下がっている。カッコー時計は多いが、兵隊時計はめったに見かけない。

装飾　木地塗両柱掛時計（からくり付仕掛け時計）
ハンブルクーアメリカン社製〈ドイツ〉（一九〇〇年代）高九二ｃｍ

一目でドイツ独特のスタイルと判る。時報は、上部左側の牧師が棒状の打具で力強く鐘を鳴らして知らせる。牧師の右側には魔女がいる。五インチ半の薄象牙色琺瑯地文字盤で、ローマ数字の間に赤の百合をアレンジした花柄を施す。文字盤中央の黄金地金属プレス板の柄と振玉の柄が共柄になる。その振玉は、振りが目立たないくらい大きい。現存数は少なく、楽しく誇れる珍品である。振子式・八日巻・時打・半打・オリジナル・完動品。

装飾　宮型黒柿二本分銅引時計・ドイツ製 （明治初期）高一三五ｃｍ

振子窓は手彫装飾板で、宮型の代表格ともいえるこのケースは、擬宝珠・装飾部以外すべて黒柿。その黒柿と他の木地の黒漆が渋い色調をみせ、さらに長い時の経過がこの時計に何とも言えない色艶を与え、自然と時代の風合いによるコントラストは実に魅力的。冠は、浮彫の牡丹唐草で、ガラスケース扉の内側にも共柄の木地透彫が嵌め込まれている。透彫は手細工で、力強く鋭く、かつ繊細に施され、彫師の腕前は実に素晴らしい。全体の姿形は美しく、古風を保ち、格調高い。手彫装飾木彫板の貴重な逸品（オリジナル）といえる。七インチ白珐瑯地文字盤・七日巻・時打・半打・二本分銅引セコンド付・完動品。

装飾　小判型掛時計・ユンハンス社製〈ドイツ〉

（明治後期）高八二・五cm

Ｊマーク文字盤は白琺瑯地、ローマ字は黒色。冠は唐草紋を浮彫で仕上げ、ケース全面の額縁四隅にも同様の装飾を施している。小判型を象った扉額縁は洗練され、優美な細工の流麗感が冴え渡っている。天然木の素材を充全に生かし、深々とした色艶に気品があり、文字盤・指針も端正。二週間巻・時打・半打・オリジナル。

鍵のコレクション

古時計の鍵には、真鍮製や鉄製があり、さまざまな形のものはそれだけで一つの古道具として楽しめる。

総彫スリゲル掛時計・ユンハンス社製〈ドイツ〉

（明治中期）高八五ｃｍ

ケースを中心に黒柿を使った長物。白珐瑯地のＪマーク文字盤、ローマ字体の指針。冠は力強い手彫による鳳凰の浮彫。額縁と扉ガラスの全面にわたり牡丹唐草と菊花紋の透彫を優美に施す。実用性と装飾性の比類ない組み合わせが掛時計の命とすれば、本品はそれを全うしている。時報の音も澄み渡る。ＣＷＣマーク入。オリジナル。

装飾　宮型黒柿掛時計・ユンハンス社製〈ドイツ〉

（明治中期）高九一・五cm

九頁と同型。冠は宮型、振子窓には装飾手彫板を嵌め込む。黒漆を塗った冠・装飾類や擬宝珠以外は、すべて黒柿を使う。その黒柿の木目と漆塗による艶肌のコントラストは効果的。五インチ半・白琺瑯地文字盤・CWCマーク入・振子式一本掛・一五日巻・時打・半打・オリジナル・完動品。

総彫スリゲル掛時計・ユンハンス社製〈ドイツ〉

（明治中期）高八二・八ｃｍ

黒柿製。Ｊマーク文字盤は白琺瑯地で、文字はローマ字体の黒。冠は鳳凰の浮彫が手で細工され、ケース額縁の外枠には、木彫の牡丹唐草が施されている。二週間巻・時打・半打・オリジナル。

装飾　黒総彫掛時計・ユンハンス社製〈ドイツ〉（明治中期）高八九cm

振子窓に装飾手彫板を嵌め込む。冠も牡丹模様の手彫。その手彫装飾はケースの内外に施され、透彫と浮彫の手細工模様は、牡丹紋を中心に鶴や唐草紋がからまる。手彫は鋭利な刀で深くシャープに、ひとつひとつ丁寧かつ流動的に仕上げられ、迫力のある立体感は観る者に感動を与える。芸術造形の傑作といえるこの手彫装飾の彫師は、並々ならぬ情熱と技術をそそぎ、その才能を存分に発揮した。五インチ半・白琺瑯地文字盤・振子式一本掛・一五日巻・時打・半打・オリジナル。

装飾　宮型黒柿掛時計・ユンハンス社製〈ドイツ〉（明治中期）高八八・五ｃｍ

宮型の冠をもつ典型的な長物。Ｊマーク文字盤は白色琺瑯地で、文字は黒色のローマ字体。冠の装飾は浮彫による牡丹唐草。ケースのガラス扉内側にも共柄の唐草紋を透彫で嵌め込む。機械部品類も外観に劣らず念入りに仕上がっている。一週間巻・時打・半打・オリジナル。

装飾　桟敷型掛時計・名古屋時計社製〈日本〉（明治後期）高八五・五ｃｍ

製作所のマークはないが、機械は名古屋時計のもの。輸出向けの試作品かもしれない。冠は手摺状の格子模様を立体的に構成する。文字盤は円球状の白色地。振子室のガラスも湾曲し、その裏側に金箔を施す。振玉は円筒（円錘）形で、この掛時計が特別品であったことを物語っている。天然木の杢目が生き、洗練され斬新な意匠を引き立てる。同型のものが東京駒場の日本民芸館に展示してある。八日巻・時打・オリジナル。

装飾　両柱小スリゲル掛時計・精工舎製〈日本〉（明治後期）高六八・五ｃｍ

ケースのデザイン、装飾はアール・デコ風。頭丸型の屋根、左右の擬宝珠・抽象化された人魚姫の装飾、また下方の垂れ幕・房飾風は曲線的、ケースと台座、左右の柱は直線的。その両柱は、見かけより堅牢にできていて、実際この掛時計全体のバランスを勁くしなやかに支えている。飴色に底光りし光沢を帯び、良くオリジナル状態で保存されてきた本品の由緒正しさがうかがえる。振子式・八日巻・時打・完動品。

装飾　変形振子型掛時計・フランス製（一八七〇年代）高八六ｃｍ

濃淡に塗り分けられたケースはオーク材。文字盤も木製で、そこにローマ数字の入る白色琺瑯地が取り付けてある。指針は真鍮の手造り。中央下には、水銀式温度計と気圧計とが順に組み込まれている。中央裏側が振子室。擬宝珠・装飾類の意匠は手彫で、その肉厚な木彫の材質感と力強さに、女性的・曲線的なデザインが加わり、見所の多い掛時計に仕上がっている。五インチ半・振子一本掛・八日巻・時打（清澄な美音は出色）・オリジナル。

装飾　建物型掛時計・中国製（一九世紀）高九一cm

木地塗のケースは濃淡に塗り分けられ、古色蒼然な趣の栗色をみせ、長い時の経過を偲ばせる。中国・天安門風の建物を造形化した冠、門下中央の縁起玉、左右の擬宝珠などシンメトリックに配し、ケース両側には木型装飾による柱を立て、下部に二対一で飾った擬宝珠は形状を異にしている。木造・木彫に独特の雰囲気がある珍品。なお、白色琺瑯地盤に手描き金文字で「亭達利」銘が入る。五インチ半・一本掛振子式・時打・半打・オリジナル。

装飾　楕円変型掛時計・フランス製

（一九世紀後期）高六二ｃｍ

文字盤にはＭＩＮＩＥＲ（ＭＩＮＥＲＶＡ？）とみえる。ケース額縁の側円に沿って、四本の帯紋を通し、交互に黒と茶の漆を塗り分けコントラストを添える。文字盤の周囲も、やはり黒と茶を均衡的に組合わせ、巧みに区画・図案化し、黒地には赤や青白色の貝類を用いた花柄の螺鈿細工を施す。手造りの指針にも神経が行き届いている。フランス製ならではのファッション感覚を横溢させ、その品格と高級感は他の追随を許さない。一〇インチ・振子式・七日巻・時打・半打・オリジナル・完動品。

「ＶＯＧＵＥ」ポスター　石版彩色「垂れ桜と貴夫人」

（一九一九年・ロンドン刊）四八×六八ｃｍ

装飾　楕円変型掛時計・フランス製

（一九世紀後期）高六〇ｃｍ

右頁と同じスタイルだが、向こうの変則六角型に対し、こちらは変則八角型になっている。額縁側円を沿うように巡回する四本の帯縞波状紋や、文字盤周囲の区画・図案化の手方は共通。ただし、細部は微妙かつ明確に違う。その辺は見比べると面白い。しかもこの時計には不思議な構造が備わり、時間が来るたびに二度繰り返して打つ仕掛けになっている。その時を打つと、また二分後に反復して打ち、半の場合、一つを打った後は二つ打つのである。指針の美しさは特筆に値する。燻されたような黒艶がケースの木地を覆い、歳月の経過を感じさせる。硝子地文字盤に手描きのローマ数字が入る。振子式・七日巻・時打・半打・オリジナル・完動品。

装飾　樫製両柱掛時計・ユンハンス社製〈ドイツ〉（明治初期）高七七・五cm

この時計の魅力は、ケースに使われている樫材にある。その堅い木の肌理には何かが棲んでいる。その木目が私の眼を惹きつける。木の魂が私を魅了する。ケースの樫板は漆塗によって深い栗色を呈し、擬宝珠・両柱・装飾類に施された黒漆塗と渋い対照をみせている。冠は山型装飾で、その中心に手彫の蟹紋を施す。両柱の上部には、鋭利な刀で流麗に手彫した葉紋を飾る。無名とはいえ、彫師の腕はこういうところで冴え渡る。ケース下方の木地部は、手斧（ちょうな）痕のような自然風化による断紋が入る。文字盤は白色琺瑯地にローマ数字。五インチ半・振子式一本掛・一五日巻・時打・半打・オリジナル・完動品。

装飾　丸型総鎌倉彫大掛時計・精工舎製〈日本〉（明治後期）高一四二ｃｍ

伝統的な鎌倉彫を施した大形時計。全面に孔雀が羽根を広げた様子をデザイン化している。木地に彫紋を加え、朱と黒の漆を使い分け、塗り分ける手法は鎌倉彫の独壇場で、本品にもその特技が存分に発揮されている。この手の掛時計は他に見たことがなく、正しく稀少品と呼ぶのに相応しい価値をもっている。ペイント地の文字盤にアラビア数字。一〇インチ・八日巻・時打・半打・秒針付・オリジナル。

丸型変形ガラス絵扉掛時計・日本製（明治後期〜大正期）高六〇・四cm

メーカーは不祥だが、作行は見事な出来栄えとなっている。殊に、欅材の役割は抜群で、木地塗による栗色が杢目の美しさを奥ゆかしく引き出している。振子室は張出窓の三面にガラス額縁を取り付け、立体的な構成。素材としての欅に負けず劣らず効果を上げているのが、振子窓の正面扉に嵌め込まれたガラス絵である。文字盤はペイント地。八インチ・振子式・時打。なおガラス絵とは、透明板ガラスの裏面に油や膠類を溶き混ぜた絵具で彩色し、表面から鑑賞するもの。その技法は古代ギリシア・ヘレニズム期に溯るとされ、日本では明治期に流行し、ビードロ絵、玻璃（はり）絵とも称された。モチーフは、本品に見られるような美人画が多く、役者絵や文明開化の風物も目立つ。

装飾　屋根型両柱掛時計・スイス製（一八八〇年代）高九三cm

冠に三角屋根を戴き、その中央には御守風鬼板ならぬ女神の顔が手彫で飾られる。ケース扉の左右は堂々とした木工細工の柱が立つ。スイス時計の五インチ半で、文字盤の外円は蝋引した地紙の上にセルロイド板を被せ、その内円には百合の花柄を象った金属メッキのレリーフを嵌め込んでいる。大きな振子玉はサンドブラスト法で仕上げられ、その縁周には彫金打ち出しで花唐草紋をあしらう。金工処理による文字盤と振玉の仕上がりは、この時計にある種統一性と荘厳さを与えている。振子式一本掛・七日巻・時打・半打・オリジナル。

装飾　樫製三尺掛時計・ユンハンス社製〈ドイツ〉（明治中期）高一一五cm

三尺時計と称される長物。主材は樫。冠の木地装飾は透彫の鳥紋を中心に纏められ、ケースの四隅は繊細な唐草紋の木彫が配されている。栗色と赤茶系で木地塗装を施す。文字盤は二重丸（ドーナツ）形で、外円は薄象牙色の琺瑯地にローマ数字、その各数字間には図案化された百合の花柄が赤く描かれている。内円は金属メッキレリーフ。七星Jマークの刻印が機械部分に入る。八インチ・七日巻・時打・半打。

絡繰　熊型掛時計・日本製

（昭和二〇～三〇年代）高三三・五ｃｍ

小熊は木彫に塗装仕上げ。熊の目玉が左右に動き、その動きに伴い表情も変化するようにみえて、なんとも楽しくなる。そこには、時を告げる大人の実用性だけではない、心躍らせる子供の遊戯性がある。振子式・一日巻。

絡繰　梟型掛時計・精工舎製〈日本〉

（大正期）高四八・七ｃｍ

素材は檜と杉の天然木。親梟が二羽の雛を止り木の両側に添わせている構図は微笑ましい。木彫の彩色仕上げ。落ち着いた風合いが慈しみ使われてきた経緯を問わず語っている。仕掛けは、セコンドが動くと同時に親梟の目玉が左右し、嘴は上下に開き、また、時打と連動してホーホー同じ回数を鳴く。愛嬌のある姿と動作に見とれて、思わず時を忘れそうになる。八日巻。

装飾　二本分銅引掛時計・スペイン製（一九世紀初期頃）高五三・五ｃｍ

　フリスランド時計、あるいはスツルテクロックともいう。一九世紀初期頃のものと思われる。木製ケースは、黒塗装をベースに色彩豊かな草花紋を施し、文字盤のバックにある鉄製長方板には、風車などがみえる田園風景が油彩タッチで細密描写されている。文字盤も鉄地で、手描ローマ数字が入り、鋳物製の指針は念入りにデザインされている。最上部の装飾は、冠紋章とライオンに唐草紋の透彫金彩レリーフをシンメトリックに施す。また、文字盤の周囲にも、紋章・ライオン・人魚姫のラッパ吹き・金唐草の透彫レリーフなどが豪華に飾り付けられている。元来、時針一本のところが、後代に分針を補ったとみられる。分銅による一個の滑車が、指針・時打両方の働きの動力となっている。なお、錘を吊り下げる8字型の鎖リンクも見所。真鍮製の手造機械といい、厚手の木材といい、金メッキの装飾素材といい、そこにスペイン製時計の面目躍如がある。三・五インチ文字盤・セコンド付二本分銅引・時打。

寄木八角型掛時計・ウォーターベリー社製〈アメリカ〉（明治初期）高五五ｃｍ

一〇インチモザイクとも称される。寄木は八角に構成し、ツー・トーン・カラー。配色は室内の雰囲気を乱さないような落ち着きがあり、かつ、洒落た装飾性を演出し、とても良い調和をみせる。また、二ツ丸の部分は黒漆塗、振子窓に抽象的な花柄の金彩ガラス絵を施し、優れたトータルデザインを獲得している。文字盤はペイント地の一〇インチ。振子式・八日巻・時打。

装飾「涙の雫」頭丸型掛時計
アンソニアクロック社製〈アメリカ〉（明治中期）高六六ｃｍ

品名ハバナ。アメリカ製掛時計の中でも随一の人気を博し、通称「涙の雫」と呼ばれ垂涎の的。ダークウッドの化粧板を用い、上部中央に女性の顔を象ったブロンズを飾る。振子窓には孔雀紋の銀彩ガラス絵を施し、時を経て醸し出された木地や地塗の色調と響き合い、姿かたちに融け込み、比類のない美しさをみせている。六インチ・ペイント地文字盤・ゴング打・八日巻・時打・半打・オリジナル・完動品。

武笠 幸雄

木版彩色「ハバナ」（昭和五八年）二七×一九ｃｍ

装飾　頭丸型掛時計・E－N－ウェルチ社製〈アメリカ〉（明治初期）高七二ｃｍ

品名はイタリアン・ハンキング。ケース素材はローズウッド。アーチと両柱を純金箔で飾り付ける。真鍮鋳物製の振子玉には七宝を嵌め込む。振子窓ガラスは金彩紋で縁取られ、全体に瀟洒な印象を漂わせている。同じタイプを故白洲正子氏が所蔵されていた。八インチ・紙地文字盤・振子式・時打・オリジナル・完動品。

装飾　桑製彫紋掛時計・日本製（明治後期）高八三cm

製造所は不祥だが、桑の素材・木の味を最大限生かしたセンスには驚かされる。菊をあしらった手彫の装飾紋が冠と文字盤回りに施され、共柄の木彫は裾模様としても使われ、その左右には木製ボタン細工が飾られている。珍しく二つの扉を備えていて、上に鍵巻用の四方形扉、下は振子窓（振子操作用）の長方形扉で、各々独立している。下の扉には縦二本の桟が通り、そのガラス扉越しに振子・振玉が見える。銀地プレスされた振玉の菊紋は、全体に施された木彫装飾と共柄で、本品に確かな統一感を与えている。八インチ・銀メッキ地文字盤にアラビア数字・八日巻・時打・半打・オリジナル。

装飾　桑製掛時計・ユンハンス社製〈ドイツ〉（明治後期）高九五ｃｍ

桑材ともう一種の木材を組み合わせ、塗り分けて構成する。そのツー・トーンの配色の妙が、木の魅力を倍加させている。冠の中央は女性の顔を象った木彫で、その他の装飾には、二種の細工板による組み合わせを施す。五インチ半・白琺瑯地文字盤にローマ数字・振子式・一五日巻・時打・半打・オリジナル。

装飾　小判型掛時計・ユンハンス社製〈ドイツ〉（明治中期）高八七ｃｍ

パイナップル紋の木彫と唐草紋の透彫を組み合わせた冠を戴く。扉の額縁は小判型で、外枠の四隅にもパイナップルと葉の紋様が手彫で施されている。塗装は黒と茶系の濃淡。五インチ半・白琺瑯地文字盤にＣＷＣマーク入・一本掛振子式・二週間巻・時打・半打。

装飾　両柱掛時計・ヨーロッパ製（明治初期）高九一ｃｍ

バロック風のデザインが一際目を引く豪快な掛時計。冠の顔は女性のブロンズ彫刻で、その周辺には擬宝珠や木彫細工を施し、独特の装飾効果を挙げている。扉の両側には重厚な飾り柱を立て、その台座元に太い注連縄（しめなわ）風の木彫を施す。振子玉と振竿は、大変に珍しい真鍮銀メッキ仕上げで、振玉面にＲ／Ａの字紋が描かれてある。なお、機械部分と鍵からは、Ｐ＆Ｓの刻印を見ることができる。五インチ半・白琺瑯地文字盤・振子式・時打・半打。

ヴァイオリン型掛時計・ユンハンス社製〈ドイツ〉（明治中〜後期）高八九・三cm

流麗優雅な姿かたちはヴァイオリン型の独壇場。そのスリムな曲線は、グラマーなそれより遥かに審美的・神秘的で、細面の変形がまた黒漆と良く似合う。さらに清澄な美音を響かせてくれる。機械はかなり正確で、標準時計ともなる。二週間巻・時打・半打・オリジナル。

小形ヴァイオリン型掛時計
ユンハンス社製〈ドイツ〉（明治中～後期）高五五ｃｍ

変形ヴァイオリン。その特有な女性的曲線、エレガントな黒を纏ったファッション性、端正なデザインの指針など、どれもこれも気品を漂わせている。白琺瑯地文字盤に黒のローマ数字・Ｊマーク入・二週間巻・時打・半打・オリジナル。

武笠 幸雄 木版彩色「ヴァイオリン」（昭和五九年）二六×一四ｃｍ

ヴァイオリン型掛時計・ドイツ製（明治初期）高九二cm

従来のヴァイオリン型に定着する以前の原型的な姿かと思われる。冠や裾部の木彫・擬宝珠などの装飾はおおらかで、初期ならではの雰囲気が感じられる。扉の額縁に沿って例のラインが描かれ、総黒漆の塗装仕上げとくれば、ヴァイオリンの輪郭は明らかに形成されたとみていい。この手のものの現存数は限られている。五インチ半・白琺瑯地文字盤に秒針付。一五日巻・時打・半打・完動品。

木彫ヴァイオリン型掛時計
ユンハンス社製〈ドイツ〉

（明治中期）高八〇ｃｍ

手細工の総彫牡丹唐草紋を装飾とする。冠は花輪紋を中心に、扉とその周囲は変形曲線枠に添って花唐草紋を念入りに施す。木地塗装はやはり総黒漆塗。五インチ半・白琺瑯地文字盤にローマ数字・振子式一本掛・二週間巻・時打・半打・オリジナル・完動品。

ヴァイオリン型掛時計
精工舎製〈日本〉

（明治後期）高七五ｃｍ

別名「ひさご型」と呼ばれている。ヴァイオリン典型の総漆塗を施され、艶やかな黒光りで存在感を発揮する。五インチ半・白琺瑯地文字盤・一五日巻・振子式・時打・半打・オリジナル。

小形ヴァイオリン型掛時計・日本製（明治後期）高六三・八ｃｍ

“*T. Mizu*”とパレス・スクリプトの書体で書かれたマークがみえるが、どこの製作所なのか不明。機械は国産のものと思われる。冠、擬宝珠もすっきりと、姿かたちの淡い曲線と総黒漆がマッチしている。指針も音色も清々しい。八日巻・時打。

装飾　木彫掛時計・ユンハンス社製〈ドイツ〉（明治中期）高九三・五cm

冠は木工細工の擬宝珠と木地板装飾の組み合わせ。扉枠の左右に丸柱、上下に葡萄紋の木彫を嵌め込む。木地塗装は赤茶系を濃淡に塗り分けている。五インチ半・白琺瑯地文字盤・一本掛振子式・八日巻・時打・半打・オリジナル・完動品。

新イタリア型掛時計・ウォーターベリー社製〈アメリカ〉

（明治後期）高六七ｃｍ

文字盤と振子・振玉の細工は光彩を放っている。真鍮にメッキ、花唐草の彫刻・レリーフなど、金装飾として秀逸な出来栄えをみせる。木彫と塗装による冠、扉枠とその周囲、裾回りの処理は、熟練の技を感じさせる。八日巻・時打。

武笠　幸雄
木版彩色
「新イタリア型」
（昭和五八年）
二七×一九ｃｍ

装飾　蝙蝠型掛時計・ユンハンス社製〈ドイツ〉（明治後期）高八一・五cm

姿かたちはドイツスタイル。冠トップの飾りが蝙蝠（こうもり）に見えることから蝙蝠型と称されている。扉額縁の上部は頭丸形で、その左右は、木工細工による細目・太目の二重枠と両柱を施す。その他、全体に木彫・擬宝珠・板細工をシンメトリックに配し、要所を押さえてある。塗装は暗栗色を上手に塗り分ける。二重円（ドーナツ）文字盤で、薄象牙地色の外円に、ウィディング・レタリング花文字体のアラビア数字が入り、内円は珍品の銀色地金属プレス板を嵌め込む。五インチ半・振子式・七日巻・時打・半打・オリジナル・完動品。

丸型装飾大掛時計・精工舎製〈日本〉（明治後期）高一四五・五cm

上部円枠は欅材。その装飾は鋭い刀による手彫菊唐草紋で、黒漆が施されている。また、丸縁のトップと左右の三ケ所に木彫模様が飾られる。さらに、ケース額縁の四隅にも、黒漆透彫の木地細工がみえる。振子・振玉は豪勢。姿かたちの大様な形態にありがちな雑然さはなく、逆に全体が締まって感じられるのは、黒漆塗による木地装飾の効果である。紙地文字盤にアラビア数字・八日巻・時打。

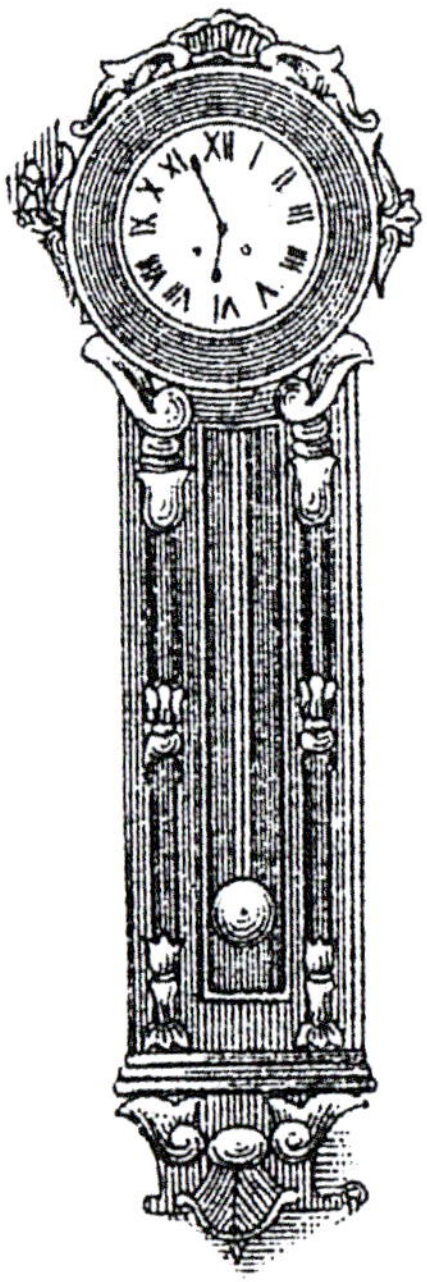

丸型装飾大掛時計・日本製（明治後期）高八四cm

上部円枠の装飾が鎌倉彫風に処理されている。天然木に葡萄葉紋の手彫で、暗朱色の漆塗。中央の両側には、双耳とも上下を繋ぐ留具ともみえる木彫飾を施す。下部のR状細工箱には、軸首の突き出た巻子本を横に並べたような、あるいは、擬宝珠を寝かせたような形の装飾（巻物飾り）が付く。総じて威風堂々の品格があり、音色は物々しいほど深く、振子・振玉の厳とした存在感と相俟って、過ぎし時と所での、この大時計の活躍振りが偲ばれる。アラビア数字の文字盤・八日巻・時打。

丸型木彫装飾掛時計・ニューヘブン社製〈アメリカ〉（明治初期）高八一cm

全面にひとつひとつ丁寧かつリズミカルに施された手彫・細工・塗装・装飾が、職人の時計に打ち込む情熱と等しく均衡している。文字盤の額縁は大円団を描き、その下方の曲線と沿うように、振子窓の扉も弧を描く。下部は巻物飾りの細工箱を施す。一〇インチ・ペイント地の文字盤・振子式・八日巻・時打・オリジナル・完動品。

丸型装飾大掛時計・精工舎製〈日本〉（明治中期）高九五ｃｍ

大形の高級時計で、文字盤の木製扉枠は、手の込んだ五重丸の溝彫額縁になっている。そのトップと左右には、立派な木彫山型唐草紋を施し、振子窓枠の上中下段の両側には、可愛い彫紋が入る。また、裾部にも木彫唐草紋をあしらい、全面を黒茶系の漆塗で仕上げる。時報はボンボンと、半打はリンリンと鳴る仕掛け。扉内にラベルが残っている。一〇インチ・ペイント地文字盤・秒針付・振子式・八日巻。

装飾　山型掛時計・ユンハンス社製〈ドイツ〉（明治初期）高八八ｃｍ

姿かたちはシンプル。黒栗色の木地塗装を濃淡に塗り分け、上下山型の三方に擬宝珠を飾る。文字盤部と振子室はいわば吹貫で、一枚扉になっている。このスタイルはとても珍しく、あるいは古風を伝える初期の形かも知れない。その木製扉枠の左右に柱が立ち、他に装飾らしい装飾はない。五インチ半・白琺瑯地文字盤・振子一本掛・一五日巻・時打・半打。

装飾　頭丸型掛時計・ユンハンス社製〈ドイツ〉（明治中期）高九三・五ｃｍ

黒と赤茶色を使い分けた木地塗装は、全体に変化を添えつつ引き締めている。頭丸屋根の中央は大きな擬宝珠、左右に小さな擬宝珠を三個ずつ振り分けている。擬宝珠は扉枠の上下左右、裾部両側にもみられる。冠の化粧板には、播座風のボタン紋が並び、その装飾と呼応して台座面に鎬風の縦縞が刻まれている。一枚扉枠のガラス窓から、文字盤も振子もよく見える。五インチ半・白琺瑯地文字盤・ローマ数字・振子式一本掛・二週間巻・時打・半打。

色絵磁器八角掛時計・ユンハンス社製

（明治中期）高三〇・七cm

素材は磁器製。額縁回りの黒い鍵盤風帯紋は、文字盤のアワー・サークル日盛を延長させ放射状に描いたもの。その帯紋内側の周囲には色彩鮮やかな花卉紋を色絵で施す。鍵穴は一個。八日巻・時打無し・オリジナル・完動品。

四ツ丸型掛時計・日本製

（明治初期）高四九cm

四ツ丸の各々に金彩色が施され、古い時代のものなのに奇麗に残っている。文字盤の額縁は、真鍮金属メッキ製の龍図彫刻紋を飾り、中央二つの飾輪と振子窓のガラスにも金彩紋が入る。かつても今も、類品を見ない。八インチ・ペイント地文字盤・振子式・八日巻・時打・完動品。

前斜型（鏡）変形掛時計　高野時計社製〈名古屋〉

（明治後期）高四八・五cm

自然木の本領発揮で、大胆なデザインの中から誕生した。杢目の魅力が最大限引き出され、息づいている。掛時計の珍品。八インチ・ペイント地文字盤・振子式・八日巻・時打。

角丸型座敷掛時計　精工舎製〈日本〉

（一九一〇年代）高七三cm

冠、扉枠、台部に渋い木彫装飾を施す。塗装も落ち着いている。精巧な時計の生産（工業）を目指して名付けられた「精工舎」の自信作。商標マークは、丸と角が鍵穴をあらわし、Sは社名の頭文字。五インチ半・白琺瑯地文字盤・一五日巻・時打・半打・オリジナル。

角型小形掛時計・ユンハンス社製〈ドイツ〉

（大正期）高四四・五cm

今ではもう見ることのできない素材やデザイン。ケースは楓材の化粧板張で仕上げる。振子窓は五枚の面取ガラスを組み合わせてある。小さいながら凝った逸品。五インチ半・白琺瑯地文字盤・振子式・八日巻・時打・半打・オリジナル・完動品。

装飾　黒柿小形掛時計・ユンハンス社製〈ドイツ〉（明治中期）高五二・四cm

冠、扉枠周辺、裾の擬宝珠など、木彫装飾はさっぱりしている。指針もそれに同調し端正。ユンハンスの伝統が生んだ古典的秀作。音色は澄み、姿かたちと良く馴染む。白琺瑯地Jマーク文字盤・黒のローマ字体・二週間巻・時打・半打。

頭丸型小形掛時計・キンツレ社製〈ドイツ〉（大正期）高四三cm

アール・デコ風のデザイン。胡桃材で木質の特徴を魅せる。ケース中央に一文字の木彫細工を施す。振子窓は卵形にし、面取ガラスを嵌め込む。四インチ半・銀地文字盤・振子式・八日巻・時打・半打・オリジナル・完動品。

装飾　両柱小形掛時計・ユンハンス社製〈ドイツ〉（明治後期）高六一・五cm

冠は擬宝珠に鋳物地型彫の金メッキ装飾を組み合わせ効果を出す。扉枠の左右に細工柱が立つ。裾回りには、局面台箱を取り付け、上部と相似的な擬宝珠を施す。塗装はセピアの濃淡仕上げ。五インチ・白琺瑯地文字盤・アラビア数字・振子式・八日巻・時打・半打。

装飾　両柱小形掛時計
ユンハンス社製〈ドイツ〉

（明治中期）高六一ｃｍ

冠のトップに木彫菊紋を施し、その下に黒柿の化粧薄板細工を張り、左右は擬宝珠と柱が立つ。両柱は扉枠の左右にも立ち、二段構となっている。扉枠両柱の中間を繋飾が仲立ちし、黒柿の薄板細工を下方にも嵌め、各所にポイントを設けている。黒と栗色の塗り分けも効果的。四インチ半・白琺瑯地文字盤・振子式・一本掛・八日巻・時打・中打・オリジナル・完動品。

装飾　小判型黒柿小形掛時計
ユンハンス社製〈ドイツ〉

（明治中期）高六九ｃｍ

小判型扉枠が戴く屋根のトップには、木彫の蕾牡丹紋を飾る。下部に施された木箱状の装飾は、黒柿材の表面加工で、さらに大小の擬宝珠や透彫唐草紋の木工細工。ドーナツ型文字盤の外円は、薄象牙色琺瑯地、ローマ数字間に赤い百合の花柄が描かれ、内円には金属板の金メッキ・レリーフを嵌め込む。その文字盤と振玉のバランスは申し分ない。振子式一本掛・一五日巻・時打・半打。

装飾　小形掛時計
ユンハンス社製〈ドイツ〉

（明治初期）高四八ｃｍ

精工舎の「ひさご型」と類似点が多く、その国産品のモデルになったのが本品かもしれない。扉額縁の形状に縦線枠と曲線枠の違いがあるだけで、あとは瓜二つ。総黒漆の木地塗に独特の美意識が感じられる。三インチ文字盤・振子式一本掛・八日巻・時打。

装飾　宮型小形掛時計
ユンハンス社製〈ドイツ〉

（明治初期）高五八・五ｃｍ

宮型特有のアーチ内に木彫牡丹紋を飾り、その左右に擬宝珠が立つ。扉枠の両側は寸詰の丸柱を立て、裾回りの三方にも擬宝珠を付ける。振子玉には貴夫人の写真を嵌め込んである。六インチ・ドーナツ型文字盤・一本掛振子式・八日巻・時打。

装飾　小形掛時計
ユンハンス社製〈ドイツ〉

（明治中期）高六四ｃｍ

大物時計メーカーとして有名なユンハンス社の製品。ちなみに、社名のフル・スペルは「UHREN FABRIKEN GEBRUBER JUNRHANS」。そのユンハンスの定評通り、総黒漆の本品も洗練されている。四インチ半・白琺瑯地文字盤・振子式・八日巻・時打・半打・オリジナル・完動品。

装飾　馬付両柱小形掛時計
キンツレ社製〈ドイツ〉

（明治中期）高五八・五ｃｍ

冠トップに馬の跳ね上がる姿を飾り、その周囲を擬宝珠や種々の木工細工であしらう。扉枠の両柱はことのほか力強い。裾回りの曲面台箱や末端の擬宝珠も堂々とし、また、総黒漆塗が全体に漲る調子を揺るぎないものにしている。四インチ半・白琺瑯地文字盤・振子式一本掛・一〇日巻・時打・半打。

装飾　鷲付両柱小形掛時計
中国製（明治中期）高六八・五ｃｍ

冠飾りは、翼を広げた大鷲の木彫立姿を中心に、擬宝珠や種々の木工細工を配し、その設え方に、どことなく東洋的な雰囲気が漂う。扉枠の両側には細工柱を立て、裾回りに細工箱と擬宝珠を施す。四インチ半の白珐瑯地文字盤には金彩手描の「亭達利」銘がみえる。さらに振子窓にも同色で「ＳＨＩＮＧ－ＣＨＡＮＧ・ＪＡＮ」と記されている。小形の中国製は当時も現在も数が少なく、本作を貴重品とする所以である。素材は胡桃とマホガニー。振子式一本掛・一〇日巻・時打・半打・オリジナル・完動品。

角型小形掛時計
ユンハンス社製〈ドイツ〉

（明治中期）高四八・五ｃｍ

「明治は遠く……」というイメージぴったりの時計で、おそらく珈琲店にでも掛かっていたのではないだろうか。シンプルな姿形に、地塗と融け合い、使い込まれたような艶をもつ胡桃の木肌が映えている。山型の冠に木彫花紋を配し、裾は平箱底部に逆錘形の木工細工を施す。扉枠の上辺左右は、鋭い溝彫の縦縞装飾板が仕切り、振子窓の天地に桟状の横枠を嵌め、そのガラス面に二本の縦格子を渡している。四インチ半・白珐瑯地文字盤・振子式一本掛・一〇日巻・時打・半打・オリジナル。

装飾　胡桃製小形掛時計
フランス製

（明治中期）高六七ｃｍ

他のフランス製小形時計と比較すると、一味違うものを感じさせる。そのファッション的な細部の見所を表現する技量とセンスはさすがで、丁寧に、繊細に、格調高い装飾性は、本品に一際目立っている。四インチ白珐瑯地文字盤・振子式一本掛・二週間巻・時打・半打・オリジナル・完動品。

装飾　黒柿製小形掛時計
ユンハンス社製
〈ドイツ〉

（明治初期）高七一ｃｍ

次頁掲載の品と同型。擬宝珠以外はすべて黒柿材。扉枠の四隅に角材細工を取り付け、その先端に擬宝珠を向かい合わせて飾る。また、扉枠の天地には細密紋の手彫板を嵌め込む。四インチ半の文字盤は白蝋紙で、Ｊマーク入。振子一本掛・一〇日巻・時打・半打。

装飾　黒柿製掛時計・ユンハンス社製〈ドイツ〉（明治中期）高八七ｃｍ

内部の機械はドイツ製で、総黒柿（擬宝珠などの装飾材は杉・朴）のケースは日本産。従来、黒柿材は独特の肌理に人気があり、工芸品類の木彫板・化粧板に利用され、また、その硬質性が高度な細工技術を要求するところから、高級素材として珍重されてきた。本品にもその黒柿特有の自然美がふんだんに生かされている。シンメトリーな装飾は時計に相応しく、扉枠四方の若干長い擬宝珠によって、全体のバランスが巧妙に保たれ、優れた構成をみせる。本品は、四〇年間こよなく愛し続けた所蔵者から、ベストオリジナルコンディションのまま、快く譲り受けたものである。五インチ半・白琺瑯地文字盤・振子式一本掛・一〇日巻・時打・半打。

装飾　頭丸型スリゲル掛時計・ウォッチ&クロック社製〈日本〉（明治後期）高九一cm

頭丸型の冠トップに蝙蝠か梟のような木彫を飾る。その両端に擬宝珠、扉枠の四方には木地透彫を施す。ケースは総黒漆塗。五インチ半のドーナツ型文字盤で、白ペイント地。振子窓ガラスの中央には「Ｗａｕａｎｔｅｄ」と金彩で描かれている。時報がボーン……ボーン、半打はリンリンと鳴る。振子式・一五日巻・オリジナル。

装飾　蝙蝠型両柱掛時計
ユンハンス社製〈ドイツ〉

（明治後期）高八〇・五ｃｍ

四三頁掲載のものと同型。木地塗は明るい茶系の濃淡を施し、扉の内側枠にも同様の塗装を加える。冠トップの蝙蝠円紋は黒漆でポイントを付けている。五インチ半・白琺瑯文字盤・一週間巻・時打・半打・オリジナル・完動品。

装飾　鷲付座敷掛時計
精工舎製〈日本〉

（明治後期）高七八ｃｍ

別名「イーグル」。一一三頁掲載のものと同型で、翼を広げた木彫の鷲が冠のトップを飾っている。扉枠の左右には、縦縞と横縞を組み合わせた木工溝彫細工が施される。裾部の木工台箱にも同系の装飾が入り、擬宝珠が付く。全体の塗装は木肌の魅力を引き出した茶色で、時を経て飴色を帯び渋い。五インチ半・白琺瑯地文字盤・振子式・時打・半打。

装飾　鷲付両柱小形掛時計・キンツレ社製〈ドイツ〉（明治初期）高六九ｃｍ

五六頁掲載のものと同型。翼を広げ立った鷲のブロンズ彫刻が冠のトップに飾られ、その台座下と左右に、擬宝珠や種々の木工細工が施され、格調高い雰囲気を醸し出す。扉枠の両側には手の込んだ飾柱を立てる。裾部にも木彫鎬紋の台箱を、三方に擬宝珠を付け仕上げている。栗色濃淡の塗装も変化し、時代を感じさせる。四インチ半・白琺瑯地文字盤・振子式一本掛・一〇日巻・時打・半打・オリジナル・完動品。

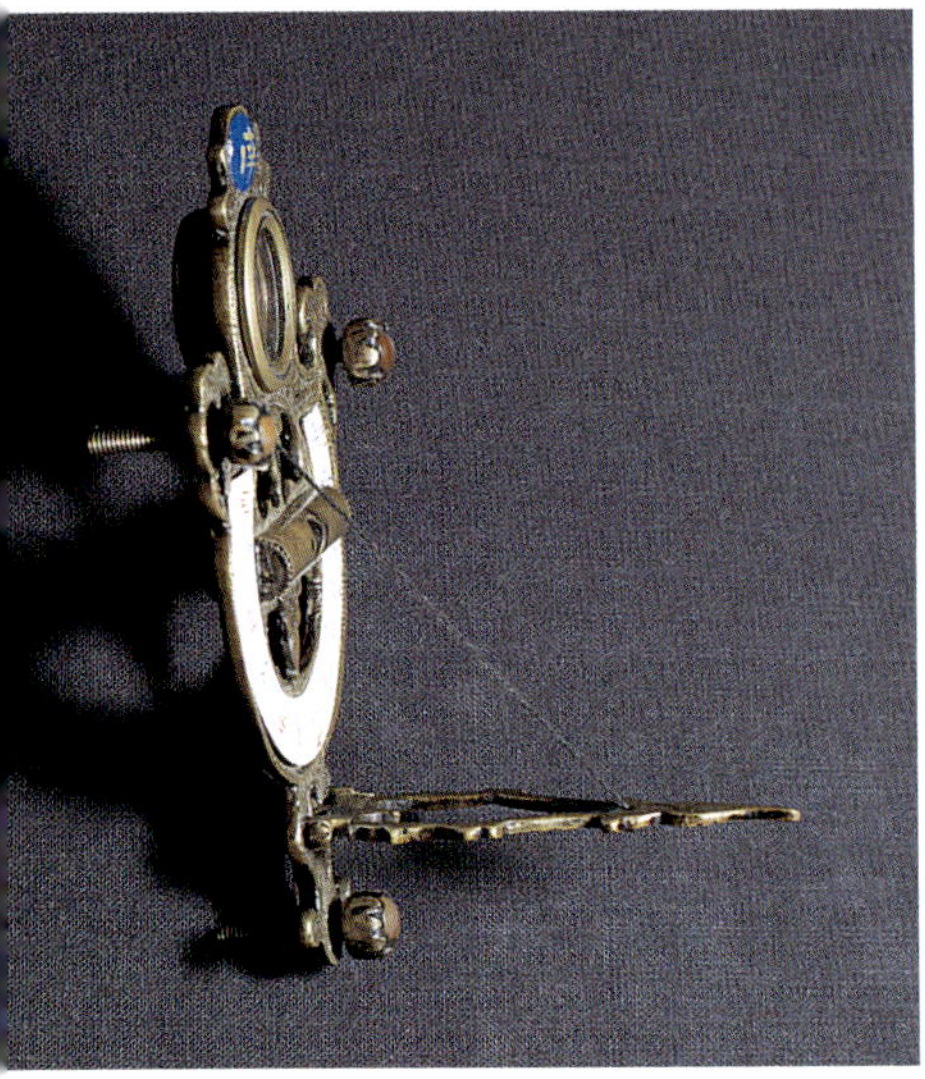

船掛時計・ドイツ製（明治初期）

「W．G．EHRLICH」ネームの銘入。稀少品。七インチ・白珐瑯地文字盤・テンプ式・一週間巻・完動品。

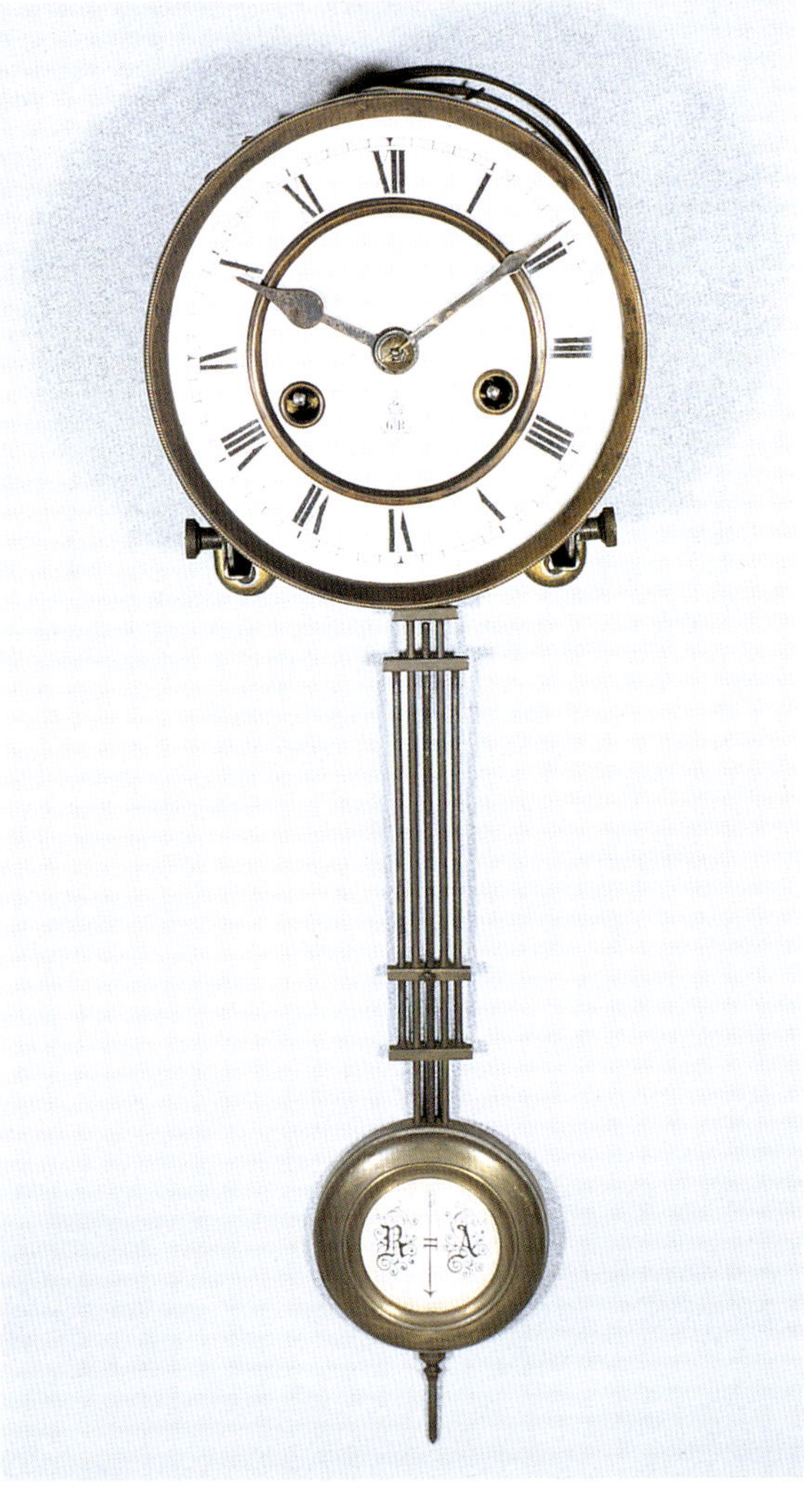

丸型掛時計・グスタフベッカー社製〈ドイツ〉（明治中期）

稀少品。五インチ半・白珐瑯地文字盤・「G．B．」メーカーマーク入・振子式・一週間巻・時打・半打・完動品。

携帯用日時計・日本製

（一九世紀後期）径一二cm

磁石付携帯用日時計の珍品。メーカーは不詳。日時計の歴史は古く紀元前数千年に溯る。太陽の運行に従い、円板目盛上の影が移動し、その刻々の位置によって見かけの太陽時間を知る原始的な装置（時計）で、古代エジプト人が既に使っていたという。携帯用の小型が現れたのは一八世紀頃とされ、一方に磁石が付き、方角を定めてから太陽に向け、その影で時刻を測るもの。本品には「子丑寅…」の目盛がみえる。時計と呼ばれるが正確とは言い難く、晴天時にしか役立たなくても、持たないよりは余程便利であったに違いない。

八角型／オクタゴン—ドロップ型

掛時計（Ｈａｎｇｉｎｇ Ｃｌｏｃｋｓ）のデザインは、初期の頃はいろいろな工夫が施され、多彩な形態が造られた。その中でも、長い歳月、鑑賞と実用に耐えてきた代表的な姿形に八角型がある。掛時計の基本形態（ポピュラー）といって過言ではない。当初は、文字盤の周囲を充分広く取り、八角スペースがおおらかで大きく、相対的に振子ケースは小さかったが、時とともに上部は小さくなり、逆に下部のケースは大き目に造られるようになった。それは、振ザオ（振子竿）を長くして精度を高めるという、技術的要請から生じたもので、必然的に振子ケースは大きくなり、姿形バランス上、文字盤の八角スペースは制約を受けることになったのである。八角型掛時計の時代をみる場合、こうした事情が参考になる。つまり、上部は大き目で下部が小さ目の姿形なら、比較的旧式と判定して差し支えない。ちなみに、掛時計にまつわる便宜的な用語について一言。普通、明治・大正期の掛時計を俗にボンボン時計と呼んでいるが、狭義には、時打・振子式・掛型のものを指す。従って、調速装置のテンプやテンプ専用ゼンマイ（ヒゲゼンマイ）等の機械部だけを八角形や円形（トーマス形）で格納してあるものと区別し、振子を持たない（振子ケースのない）形式のものを「八角時計」と総称していた。本書で主に紹介する「八角型」は、むろん、上に機械部を格納する八角ケースを、下に振子ケースを備える掛時計のことである。

八角型ガラス絵掛時計／オフィスＮｏ.２型
セス―トーマス―クロック社製〈アメリカ〉

（明治初期）高六五ｃｍ

マホガニー薄板張の八角型で、ケース回りに大小の真鍮製鋲飾を施す。振子窓のガラス絵は、楕円形の中に美しい女性が描かれている。一二インチ・ペイント地文字盤・振子式・八日巻・時打・ラベル有。

振子窓のガラス絵からは、文明開化期の雰囲気・鹿鳴館時代の面影が偲ばれる。日本は明治五年に改暦し国際化を図る。同時に、アメリカ製の掛・置時計が輸入され、国産メーカーは二〇年頃からそれら舶来品を模倣して生産を始める。表面的なガラス絵などは模倣の極く一部に過ぎないが、それでも時代の傾向を良く伝えている。貴夫人・令嬢・肖像・風景・文物・花鳥・文様といった色々な主題が和洋折衷的にガラス絵を賑わせ、日本人を楽しませた。

八角型飾鋲掛時計
セス-トーマス-クロック社製〈アメリカ〉

（明治初期）高六七cm

ケース枠はマホガニーの薄板張に真鍮製の飾鋲が打たれている。振子室の奥板に、黒ラベル金文字の英文注意書が貼られ、その印刷文には「壁の釘に時計を掛ける場合、振子の音を聞き、左右に振れる振子音が均等になるようにしてから固定してください」とあり、いかにも時計が珍しかった時代を感じさせる。振子窓は貴夫人のガラス絵。舶来の木製時計には木地部分を黒か金色塗装とする例も少なくないが、本品は杢目の味を渋く効かせている。日本人好の姿かたち、素材の生かし方である。機械は精巧で、歯車は大型。八日巻。

八角型掛時計
ニューヘブン社製〈アメリカ〉

（明治初期）高六五cm

ケース全体にマホガニーの薄板を張り、八角の額縁に真鍮製の飾鋲を巡らせ、金箔線で繋げている。振子窓には薔薇のガラス絵を嵌め込む。一二インチ・ペイント地文字盤・振子式・八日巻・時打・オリジナル・完動品・ラベル有。

八角型花ボタン掛時計
ウォーターベリー社製
〈アメリカ〉

（明治後期～大正期）高四八・七cm

デザインはアメリカ-セス-トーマス社のものと思われる。この時計は、私が母の葬儀を終えた後、我が家に持ち帰えったもので、深い想いがある。あれから三五年の歳月が経つ。そして、この時計が動き始めてから現在まで、単純に計算しても九〇年が過ぎたことになる。その間、ほとんど狂いなく今日に至っている。

私は一〇〇年近く時を刻み続けているこの時計に感謝したい。できれば、私が生を終えるまで共に生き続けたい。これは、私の祈りである。

花ボタンがケースを飾っている。振子窓には、紅毛少女の三分身を描いたガラス絵が嵌め込まれ、この時計の優美さを際立たせる。時報の音も爽やか。振子式・八日巻・オリジナル・完動品。

八角型花ボタン掛時計
セスートーマスークロック社製
〈アメリカ〉

（明治初期）高五五ｃｍ

ケースは、マホガニーの化粧薄板張に、真鍮製の飾鋲と金箔線を施す。文字盤には、日付カレンダーが入る。振子窓ガラスは軍師風の肖像画で、セピアがかっているところは時代を感じさせる。一〇インチ・白ペイント地文字盤・振子式・八日巻・時打。

八角型花ボタン掛時計
精工舎製〈日本〉

（明治後期）高五六・五ｃｍ

八角の中形。ケース回りには真鍮の飾鋲を施す。振子窓のガラス絵は国産らしく和様に仕上がっている。金箔と線描で気球や風景が入る。八日巻。

八角型花ボタン掛時計
精工舎製〈日本〉

（明治後期）高五六ｃｍ

八角の中形。ケース回りに飾鋲を施す。上部の八角枠には金箔が入る。振子窓ガラスは冬山の景色。鮮やかな状態で残っている。八インチ・白ペイント地文字盤・振子式・八日巻・時打。

八角型掛時計
イングラハム社製
〈アメリカ〉

（明治初期）高五四ｃｍ

素材はローズウッド。その八角枠と振子窓枠には、真鍮の金モールを張り渡らせ輪郭付けている。また、ケース回りに真鍮製の飾鋲を施し、装飾性を強めてみせる。振子窓のガラス周囲は、太幅・細幅の金箔二重線によって枠取り、全体を金彩ベースで仕上げている。指針は美しい三ツ葉のデザイン。一〇インチ・白ペイント地文字盤・振子式・八日巻・時打・ラベル有。

八角型掛時計
E-N-ウェルチ社製
〈アメリカ〉

（明治初期）高六一・八cm

振子窓のガラス絵は、不思議な雰囲気をもった幾何学紋が金彩で入る。ケース木地にはローズウッド材を使用し、茶塗装で仕上げる。指針はスペード型に象る。一二インチ・白ペイント地文字盤・振子式・八日巻・時打・ラベル有。

八角型掛時計
E-N-ウェルチ社製〈アメリカ〉

（明治初期）高六二cm

ケースの化粧木地板には、ローズウッド材を使用し、八角の文字盤額縁は金箔で枠取っている。指針はダイア風またはスタッグ・ビートル（鍬形虫）型の変形で面白い。一二インチ・白ペイント地文字盤・振子式・八日巻・時打・ラベル有。

八角型花ボタン掛時計
イングラハム社製〈アメリカ〉

（明治後期）高五四・五cm

ケース枠は立体感を出し仕上げている。八角枠の周囲に施された飾鋲と、振子室周囲のそれとは、角鋲はあっても差が付けられている。指針は日本的な家紋の井桁を連想させる。ちなみに、イングラハム社は一八三五年にアメリカで創立され、大物時計では定評があった。

八角型掛時計
ニューヘブン社製
〈アメリカ〉

（明治初期）高六一ｃｍ

ケース木地板はローズウッド。その八角縁を金箔で枠取る。振子窓のガラス面にも菱形の金箔。指針はシンプルな鉤十字。全体もシンプル。一八七一年とある。一二インチ・紙地文字盤・振子式・八日巻・時打・ラベル有。

八角型小形掛時計
ニューヘブン社製
〈アメリカ〉

（明治初期）高四五ｃｍ

左上と同型。可愛らしい小形。素材はローズウッドで、八角枠を金箔にて縁取る。振子窓ガラスにも菱形金箔を施す。指針はストレート・ブルゲー風。八インチ・ペイント地文字盤・八日巻・時打。

八角型掛時計
ニューヘブン社製
〈アメリカ〉

（明治初期）高五九・五ｃｍ

ローズウッド材の薄板張ケースですっきりまとまる。振子窓のガラス面は、金彩飾で隈取った丸紋を施す。指針は鉤十字。一二インチ・ペイント地文字盤・振子式・八日巻・時打・ラベル有。

八角型掛時計
セスートーマスークロック社製〈アメリカ〉

（明治初期）高六〇・五cm

ケースはローズウッド材。八角額縁に真鍮製の飾鋲が巡る。振子窓ガラス面は金彩色の楕円とレタリングを施し、レコードのジャケット風。一二インチ・紙地文字盤・振子式・八日巻・時打・ラベル有。

八角型掛時計
ニワトリ印製造〈名古屋〉

（明治後期～大正期）高五四cm

振子窓のガラス面に金彩色で馬像とレース飾紋を施す。ケース全体の素材はローズウッドで、縁辺に沿って段取り、奥行を出す。指針はスペード（鋤・剣）型。振子式・八日巻・時打・半打。

八角型小形掛時計
高野時計製造所〈名古屋〉

（明治後期～大正期）高四七cm

左に掲載のものと同型。小形で愛らしい。ケース全体にローズウッド材を用いている。八角の額縁は金箔で枠取る。振子窓のガラス面には、馬とレース飾紋が金彩色で入る。六インチ・ペイント地文字盤・八日巻・時打。

八角型花ボタン掛時計・イングラハム社製〈アメリカ〉高四七cm（明治中期）／一八八五年製。

八角型花ボタン掛時計・精工舎製
〈東京〉（明治中期）高五〇cm

ケースの八角面と振子窓枠に、大小の飾鋲が打たれる。それらは真鍮製の十文字紋で、なかなか凝ったもの。鋲は條紋で繋げ、装飾効果を上げている。

八角型尾長掛時計
ニワトリ印製造〈名古屋〉

（明治後期～大正期）高六七cm

ケース全体の化粧板木目と金箔装飾とが良く融け合っている。長尾ケース枠と相似する振子窓のガラス面にも、金彩色が縁取られている。振子・振玉には金メッキ鋳物細工を施す。振玉面は女性の顔を中心に唐草紋が絡む。八インチ・ペイント地文字盤・振子式・八日巻・時打・ラベル有。

八角型花ボタン掛時計 愛知時計社製〈名古屋〉

（明治後期）高四八cm

ケース全体の飾鋲を條紋で繋げ、シンプルに纏め、八角の典型的・安定した雰囲気を出している。

八角型大形掛時計・ウェルチ社製〈アメリカ〉

（明治後期）高七九cm

一八八〇年頃の製造。日本では俗に福助型とも呼ばれている。ケース全体に薄手マホガニー板の化粧張。金箔縁取の振子窓はすっきり。指針は井筒風。紙地文字盤・秒針ダイアル付。八日巻・時打。

八角型大形掛時計 ウェルチ社製〈アメリカ〉

（明治後期）高七九cm

現在、掛時計マニアでも見つけることがとても困難な一八八〇年代ウェルチの品。もし見かけたら、即買っておくことを奨めたい。八日巻・時打。

八角型小形
花ボタン掛時計
ニューヘブン社製
〈アメリカ〉
（明治中期）高四八ｃｍ

八角型花ボタン掛時計
〈アメリカ〉
（明治中期）高五一ｃｍ

八角型小形掛時計
セイコー舎製〈東京〉
（大正期）高五五ｃｍ
自然な木質・杢目を素朴に生かした日本人好みのタイプ。六インチ・ペイント地文字盤・振子式・八日巻・時打・ラベル有。

八角型掛時計
セイコー舎製
〈東京〉
（大正期）高五二cm

八角型掛時計
セイコー舎製
〈東京〉
（大正期）高五五cm

八角型掛時計
セイコー舎製〈東京〉
（大正期）高五六・五cm
オクタゴン（八角）の枠幅を狭め、その内側の環状線が描く局面（イントレード）を引き立て、デザインに新しい工夫がみえる。

八角型掛時計
セイコー舎製
〈東京〉
（大正期）高五五cm

八角型掛時計
精工舎社製
〈東京〉
（明治後期～大正期）高五七・五cm
振子は装飾的。ケース枠の手彫は、私が施した。牡丹紋をあしらい、黒紫色の油彩で仕上げている。振子式・時打。

八角型掛時計
セイコー舎製〈東京〉
（大正期）高五四・五cm

八角型掛時計
精工舎製〈東京〉

（明治中期～後期）高四八ｃｍ

金彩が全体を引き締め効果的。振子窓ガラスには、王室紋章にみられる三つの花弁を束ねたような装飾（フラール・ド・リ）に似ている。

八角型掛時計
ウォーターベリー社製
〈アメリカ〉

（明治中期～後期）高五四・五ｃｍ

ケース（機械を収める外側の容れ物）の周囲に金箔を施す。振子窓の枠取り・ガラス裏面の二重丸にも純金を使う。丸味と角度が良く調和したグッドデザインといえる。八日巻・振子式・時打。

八角型掛時計
精工舎製
〈東京〉

（明治後期）高四九ｃｍ

八角縁は面を落とし、振子窓枠は中高（玉縁風）刳型の蒲鉾で囲む。窓ガラスには金彩帯紐紋を施す。

八角掛時計・アンソニア社製〈アメリカ〉（明治中期）高二一・五cm

日本は明治六（一八七三）年一月一日から定時法を採用した。在来の和時計は実用性を失い、それに取って代わり活躍し始めたのが舶来の時計である。本品は、その当時アメリカから輸入された代表的な八角（オクタゴン）時計。役所や学校といった時間割によって運営される公共的な機関は、これを壁・柱などに掛けて用いた。ケース面は、マホガニーの上質化粧板を薄張してある。ヒゲゼンマイ、丸天符付振子がないので、下に置いても止まることはない。ゼンマイを目一杯巻いても二日くらいしかもたない。澄んだ音の早打ちで時を報ずる。五インチ・紙地文字盤（ペーパー・ダイアル）・ローマ数字・秒針付。

豊原 国周 木版彩色「申 さるしま勲吉」（明治期）二三・五×三四・五cm

八角型小形時計・ウォッチ&クロック社製〈名古屋〉（明治後期～大正期）高四七・五cm

ケース帯枠と振子窓枠を黒漆で縁取り、他の木地部は杢目を生かした化粧張を施し塗装仕上げ。振子窓ガラスには「UMAIN」と銀彩描が入り、金彩紋もみえる。六インチ・ペイント地文字盤・振子式・八日巻・時打・半打・ラベル有。

八角型長尾掛時計・精工舎製〈東京〉（明治中期）高七〇・五cm

明治期の国産掛時計のなかで最もポピュラーな形の一つ。

竹久　夢二　墨版『夢二画集』「春の巻」（明治四三年刊）一四・五×一〇cm

四ツ丸型／だるま型

「だるま」の名で親しまれている。上下左右に丸形が組合わさり、見方によっては愛嬌が感じられ、微笑ましい印象を受ける。この型が日本に輸入された時期は、八角型とほぼ同じ頃で、その少し後に、精工舎が初めて掛時計の国産化に成功する。ところで当時、四ツ丸型の人気はというと、八角型と比較して今一歩であったらしく、明治期における掛時計の国内生産量をみても、四ツ丸型は八角型のおよそ十分の一位の数だったといわれている。四ツ丸型のデザインは、やはり八角型と同じように、当初からいろいろ試みられ考えられてきた。舶来の模倣を繰り返し、需要をうかがい、実用と鑑賞を兼ね合わせ、選択・選別を経て、結局、日本の生活空間に定着することになる。始めは、曲線に支配された独特の姿形が日本人に馴染まず、直線を強調した八角型に先を越されたのは当然だが、欧米文化・文物の影響力が強まるに従い、その曲線的な流動感は次第に受け入れられ、そしていつしか、四ツ丸型は流行パターンとして普及し、広く一般の家庭にも浸透し、庶民に愛され、明治の文化を物語る上で欠かすことのできない生活道具となった。ちなみに、「四ツ丸」のうち、上の機械部を格納している丸ケースが最も大きく、それと比較して、下の振子ケースは小さく出来ている。また、その中間にある二つの丸形は、さらに小さくなる。この左右の丸形がケース裏側まで抜け、筒状を呈しているタイプを、俗に「本だるま」「本四ツ丸」という。

本四ツ丸型掛時計
コネチカット－E－
イングラハム社製
〈アメリカ〉
（明治中期）高五五cm

寄木四ツ丸ともいう。金四ツ輪で、石膏地に金箔を施す。当時こうした金箔時計は「甘金」と呼ばれていた。二〇層もの金箔を重ねているので、一〇〇年を遥かに越えた今も、少し剥げかかってはきたものの、底光るような輝きがある。機械も正確。振子式・八日巻。この金四ツ輪は、アメリカ、イギリス、フランスなどの国々で盛んに生産され、日本は後発。

金箔本四ツ丸掛時計
イングラハム社製
〈アメリカ〉

（明治初期）高五四ｃｍ

掛時計のデザインはさまざまな制約を受けながら形成される。機能性・経済性・実用性・鑑賞性などに鍛えられてきた。こうしてみると、四ツ丸型はアイデアで生き残ったといえる。本品は金箔の剥落も少なく、古いにもかかわらず状態が良い。振子窓には「笛を吹く男」のガラス絵を嵌め込む。一〇インチ・ペイント地文字盤・八日巻・時打・ラベル有。

本四ツ丸型掛時計
コネチカット-E-
イングラハム社製〈アメリカ〉

（明治中期）高五四・五ｃｍ

寄木筒状の本四ツ丸。上部は大きく、下は小さ目、中間の二つは飾筒輪にする。黒漆が施され、黒四ツ輪とも称されている。八日巻・時打。

本四ツ丸掛時計
ニューヘブン社製
〈アメリカ〉

（明治初期）高五五ｃｍ

元々は金箔が押された筒状の本四ツ丸。箔が落ち、下地塗が現れ、かえって古い味を出している。振子窓ガラスには金彩の三重筋円紋。八インチ・ペイント地文字盤・八日巻・時打・ラベル有。

本四ツ丸型掛時計 精工舎製〈東京〉

（明治中期）高五四ｃｍ

ケースは本四ツ丸（だるま型筒飾）。文字盤枠と振子窓枠は三重の玉縁刳型で、外円は栗色塗装、内円には金箔張を施す。振子窓ガラスは、三重筋紋の銀彩、振玉も同色の銀メッキで処理する。洗練された形と色のコントラスト。一〇インチ・ペイント地文字盤・振子式・八日巻・時打・ラベル有。

四ツ丸型掛時計 大阪時計製〈大阪〉

（明治中期）高五三・五ｃｍ

上下のケース丸枠は真鍮製。その下の振子窓ガラスの外円を黒で塗り、内円に金彩色の花唐草紋を描いている。一〇インチ・ペイント地文字盤・振子式・八日巻・時打。

金箔四ツ丸型掛時計 イングラハム社製〈アメリカ〉

（明治中期）高四八ｃｍ

石川県金沢市の金箔生産量は日本一で、その純金箔を豪勢に使ったのが金達磨。本品はコンディション良く残っている。指針は珍しいファンシー・スケリトン（変形骨組）風。八インチ・ペイント地文字盤・振子式・八日巻・時打。

四ツ丸型掛時計 ウォーターベリー社製〈アメリカ〉

（明治初期）高四九cm

ケースは天然木の杢目を生かし面白味がある。中央二つの飾輪を取り付けた木地の両翼も面白い。振子窓ガラスには太陽を装飾化した金彩がが入る。八インチ・ペイント地文字盤・振子式・八日巻・時打・オリジナル・完動品・ラベル有・珍品。

四ツ丸型掛時計 精工舎製〈東京〉

（明治中期）高四八・五cm

精工舎は明治二五（一八九二）年に東京本所石原町の工場でボンボン時計製造を開始した。四ツ丸型はそれ以降のものだが、元はアメリカ製の模倣から始まっている。本品のケースは真鍮製。振子窓ガラスに金彩色の花柄紋を施す。八インチ・ペイント地文字盤・八日巻・時打。

四ツ丸型掛時計 日本製

（明治中期）高四九・五cm

原型は金箔四ツ丸で、箔が剥落したケースに朱漆を施し整えている。振子窓ガラスの外周には金彩筋紋が巡る。八インチ・ペイント地文字盤・八日巻・時打。

四ツ丸型小形掛時計
日本製

（明治中期）高三九・五ｃｍ

日本独自の四ツ丸型で「姫四ツ」ともいう。右下と同型の六インチ・ペイント地文字盤。ケース上下の木地丸枠は浮出額縁風。中央には二眼装飾に手彫葉紋を施し、木地全体を渋く黒塗装する。振子窓ガラスは金彩柄が描き込まれている。振子式・八日巻・時打・完動品。

四ツ丸型小形掛時計
日本製

（明治中期）高三九ｃｍ

姫四ツ。その小柄な姿かたちが多くのファンに可愛がられている。上下ケースの木地丸枠は大玉縁の額縁仕上げ。中央の左右には、ボタン飾を組み込んだ木彫が入る。全面に赤茶系の木地塗装を施している。振子窓は、少女二人（姉妹）で遊ぶシーンのガラス絵を嵌め込み、姫四ツの可憐味と微笑ましさに相乗効果を上げている。六インチ文字盤・振子式・八日巻・時打・完動品。

本四ツ丸型中形掛時計
ニューヘブン社製〈アメリカ〉

（明治初期）高四六ｃｍ

本品のケース全体が真鍮製によるもの。本四ツ丸の中形で、このようなスタイル・サイズは極めて稀といえる。現在のところ、私は類品を見たことがない。振子窓には麗しい美女のガラス絵が入る。八インチ・ペイント文字盤・八日巻・時打・完動品・ラベル有・珍品。

四ツ丸型木彫掛時計
アメリカ製

（明治中期）高五三ｃｍ

ケース上下の木地円枠面に、手彫花唐草繋紋を施す。中央の左右にはリューズ風の平丸紋。全面を黒の木地塗で仕上げ、見応えがある。振子窓ガラスは金彩縁取。振子式・八日巻・時打・オリジナル・完動品。

四ツ丸型掛時計
精工舎製〈東京〉

（明治後期〜大正期）高四八ｃｍ

向日葵掛時計とも呼ばれている。花ボタンの一種で、ケース全面に飾鋲を施し、中央の両側にもその鋲を添えて輪飾とする。素材は桜。少々、装飾過剰にみえるが、その精一杯に華やぐ雰囲気は魅力がある。

四ツ丸型木彫掛時計
精工舎製〈東京〉

（明治中〜後期）高四九ｃｍ

精工舎で掛時計の製造がようやく軌道に乗り始めた頃の品と考えられる。丁寧で奇麗な手仕事の跡がうかがえる。上枠は檜材に唐草繋紋を手彫で施す。振子窓枠の細工も同様に処理してある。中央両側の飾ボタンも効いている。全体の黒漆は、木の味を消さないように薄く施され、職人のこだわりが感じられる。振子窓ガラスの金彩幾何紋も繊細。これと同型のものが長野県松本の民芸館に展示されている。振子式・八日巻。

卵型船時計
マルゼン時計社製
〈日本〉

（大正期）高四二・三ｃｍ

船時計といえばイギリスのトーマス社が有名で、質量とも世界屈指のメーカー。秒差の狂いもない精度を要求されるのが船時計だが、日本ではセイコー舎のものに定評がある。航海の関係で、ケースは真鍮が多い。時刻の正確さを期し、時差を微調整できるようになっている。前ガンギ（ガンギ車とアンクルを前に出した機構）付。

卵型船時計
マルゼン時計社製
〈日本〉

（大正期）高三三・五ｃｍ

ケースに桐材を使っている特種な船時計である。下方の窓は鏡になっている。ヒゲゼンマイ・丸天符付の振子式ではないので、間違って横にしても機械が止まることはない。

丸型大形掛時計・日本製（明治中期）径四〇・五cm

ケースは欅材。寄木造による三段重、大浮出の丸縁枠で立体的。杢目を生かした塗装を施し、本来の硬質材に美麗観を与える。扉は下から上へ開き、古い形式。一〇インチ・ペイント地文字盤・振子式・八日巻・時打・秒針付・オリジナル・完動品。

丸型掛時計
セイコー舎製
〈日本〉

（大正期）径四〇cm

ケース枠は欅材。八日巻・時打。

丸型掛時計
マルゼン
時計社製〈日本〉

（大正期）径四二・三cm

名古屋時計社が製造元。文字盤中心の窓から見える振子は、アンクル仕掛け。外枠は欅材。

丸型／ラウンド-ドロップ型

柱（壁）掛時計の典型的な形式。基本スタイルを中心に、色々な形・大きさ・素材によるものがある。丸型は、文字盤とそれを囲むケース枠が円形状になっていて、ダイアル時計とも呼ばれている。多くの場合、その丸枠の下に振子を収納するケース（室）が付く。この形式をドロップ・ダイアル、あるいは、トランク・ダイアルともいう。また、上（ラウンド）下（ドロップ）のケース比較で、等分なら「合長」（あいなが）、下が長ければ「尾長」（ロング・ドロップ）、下が短ければ「兵庫」などと称している。「ダイアル」と「ラウンド」は、ほぼ同じ意味である。本書では型式名として、業界用語の「丸型」を代表させ、「ラウンド」を当てた。品物にはさまざまな呼び名がある。古いものになればなるほど、名称はばらばらになって、同一・同類のものに、幾つもの呼び名が付けられたりする。要は、そのものの何が最も特徴的なのか、という見方であろう。そうすれば、大方の理解・納得は得られる。掛時計なら、機械なのか、型なのか、装飾なのか、塗装なのか等々。製造所名なのか、商品名なのか、オリジナル名なのか等々。そして名付けで何より大切なのは、簡略であることだろう。

丸型大形掛時計
精工舎製〈東京〉

（明治初期）高一〇七cm

ケース全体、シンプル、重厚、堅牢。振子ケースは尾長形。木扉は鍵付きで、下から上へ開き、古い開閉式になっている。通常、扉には窓が付き、内部の振子を見せるものだが、扉は一枚板張になっていて見えない。しかし、外観から見ることのできない振子は立派な真鍮金属メッキで、サオは太い棒状、玉は大きい楕円形。裾に切三角錐の台箱が備わり、内側は以外に深く、当時、金庫替わりに役立っていたような趣がある。重要書類とか、宝物とか、貨幣などを隠していたのかも知れない。いずれにせよ、謎多く不思議な興味をそそる時計である。一三インチ・ペイント地文字盤・振子式・八日巻・時打。

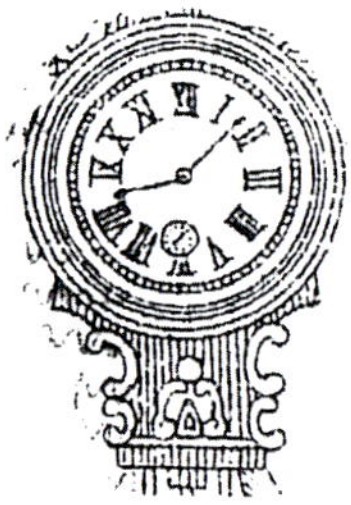

丸型木彫掛時計
愛知時計社製〈名古屋〉

（明治中期）高五五・五ｃｍ

上部円形（ラウンド・トップ）で、重々しい文字盤枠は寄木細工に唐草彫紋。その外回りを玉縁で枠取る。振子ケースは例のホーム・ベース（本塁）を逆さにした形。むろんホームとは「家・本拠」の意味だから、ホーム・ベースが「家」を象るのは当然といえる。振子ケースの木目には、鮮やかな縦縞が入る。八インチ・ペイント文字盤・振子式・八日巻・時打・半打。

丸型木彫小形掛時計
日本製

（明治後期）高四八ｃｍ

ケースに樫材を用い、木製の味を存分に出している。上部は丸型で、文字盤枠に丁寧・繊細な手彫紋を施し、黒漆塗を加えて仕上げる。下部（ドロップ）には、軸巻物をデザインした独特な形態のケースを設け、一種、東洋的な趣を漂わせる。本品の製造元は不詳だが、作行は一級。素材、姿かたち、装飾、塗装などに優れ、それらが時の経過によって益々輝きを増してきた感じがする。六インチ・ペイント地文字盤・振子式・時打・半打・逸品。

丸型掛時計 ニューヘブン社製〈アメリカ〉

（明治後期）高五五・五ｃｍ

文字盤の外枠に真鍮製の覆輪を施す。振子ケースはホーム・ベース形、扉窓ガラスを金彩柄で縁取る。装飾振子は洒落ている。八インチ・ペイント文字盤・振子式・八日巻・時打。

丸型小形掛時計 精工舎製〈東京〉

（明治後期）高四七ｃｍ

トップは丸型、ドロップの裾部は巻物形の飾箱。総黒漆塗。形状・装飾・塗装が調和し、明治物らしい和風の趣。六インチ・ペイント地文字盤・振子式・八日巻・時打。

丸型木彫小形掛時計 愛知時計社製〈豊橋〉

（明治後期）高四六ｃｍ

愛知時計会社は明治三一（一八九八）年に豊橋で創立、ボンボン時計製造を始めた。本品は創業間もない頃のもの。上部の丸額縁には、唐草紋の念入りな手彫装飾が入る。小形とはいえ、当時の、時計という斬新な新商品に対する意気込みが反映され、そのエネルギーを全身に漲らせた逸品である。六インチ・ペイント文字盤・振子式・時打・半打・完動品・ラベル有。

丸型木彫掛時計
高野時計社製
〈名古屋〉

（明治中期）高五五ｃｍ

九〇頁右下と同じタイプだが、違いは、寸法と、本品の振子ケースがベース形なのに対し、前掲のベース先端はカットされているところ。八インチ・ペイント地文字盤・八日巻・時打・半打。

丸型欅製小形掛時計
ウォッチ＆クロック社製
〈名古屋〉

（明治後期）高四七・五ｃｍ

姿かたちはそれほど洗練されていると思えないが、素材に欅を用いた細工は悪くない。振子窓ガラスに銀彩で「ＵＭＡＩＮ」、金彩で飾紋が入る。小形としては数少ないタイプ。六インチ・ペイント地文字盤・八日巻・時打・半打。

丸型欅製掛時計
ウォッチ＆クロック社製
〈名古屋〉

（明治後期）高五一ｃｍ

右掲と同型の大形で、素材も欅。その杢目が渋い塗装によって引き立つ。八インチ半・ペイント地文字盤・振子式・時打・半打。

丸型掛時計・日本製

（明治中期）高五六・五ｃｍ

九〇頁右下と同じタイプで、振子ケースのベース先端がカットされている。製造所は不明。振子室を枠取る細縁に烏賊・魚紋の手彫を施す。八インチ・ペイント地文字盤・八日巻・時打・半打・ラベル有。

丸型掛時計 ホーケン社製〈名古屋〉

（明治後期～大正期）高五六ｃｍ

漆の塗装仕上げを最大限生かしてある。裾部の巻物形による箱飾も効果的。振子式・八日巻。

丸型掛時計 ホーケン社製〈名古屋〉

（明治後期～大正期）高五五ｃｍ

ホーケン社は明治時計社の系列。文字盤の外枠は、石膏地に唐草紋。振子ケース・左右の耳飾・裾部の巻物形台箱などは木工細工。振子式・八日巻。

丸型変形掛時計 セイコー舎製〈東京〉

（大正期）高四四・五cm

トップの丸型に比べドロップのケースは短く、また、そこには霊芝雲らしき手彫紋がみられ面白い。文字盤の木地額縁に現れた杢目も味がある。一〇インチ・ペイント文字盤・八日巻・振子式・時打。

丸型掛時計 精工舎製〈東京〉

（大正期）高五五cm

木地の魅力と形姿、殊に振子ケースのエプロン風な処理にみられる流麗感・モダンな雰囲気が際立っている。

丸型掛時計 セス-トーマス社製〈アメリカ〉

（明治後期）高六〇・五cm

全面石膏地に鼈甲紋が入り、その縁起で中央左右に亀の透彫を配す。指針は優美なダイヤ（菱）型。振子式・八日巻・時打。

丸型小形掛時計
精工舎製〈東京〉

（明治後期〜大正期）
高四二・六cm

九八頁右上と同型で、飽きのこないシンプルな小振り。ケース全体が飴色を纏い、大切に扱われた証拠。六インチ・ペイント地文字盤・振子式・八日巻・時打・完動品。

丸型小形掛時計
KENBISHI社製
〈日本〉

（明治後期〜大正期）高四四cm

ケースは総欅材で、肌理が呼吸しているような感じ。こざっぱりとした形姿に劣らず、機械も小気味良い。八日巻。

丸型小形掛時計
セイコー舎製〈東京〉

（明治後期〜大正期）高四三cm

当頁右上や九八頁右上などと同型のポピュラー商品。六インチ・ペイント地文字盤・八日巻・時打・準完動品。

丸型掛時計
たち元時計社製〈日本〉
（大正期）高五四・八ｃｍ
天然木と石膏地を使い分け、條縞紋を濃淡に塗り分け、丹念に仕上げている。ケース中央と裾飾には、手彫の雲流紋と鳥紋を施す。振子式・八日巻。

丸型掛時計
愛知時計社製〈豊橋〉
（明治後期〜大正期）高五二・五ｃｍ
木工品の域に達しているように見える。杢目の選び方・截り方ひとつにも、明治人の気骨がうかがえる。筋金入りの仕事がここにある。指針は剛毅。隅々に手造りの匂いが立ち込めている。これが果たして大量生産されたものなのだろうか。振子窓ガラスに描かれた文字の意味は不明。英語には「ＲＥＣＵＲＳＩＯＮ」（反復）がある。振子式・八日巻・時打。

丸型掛時計
高野時計社製
〈名古屋〉

（大正期）高五四ｃｍ
木地と石膏地をミックスさせ、モダンな装飾性を出している。主眼は大理石風の斑紋による塗装処理。その模様が散らないように、ケース全体を黒塗の木地枠で縁取る。洋室向きの掛時計といえる。八インチ・ペイント地文字盤・振子式・八日巻・時打。

丸型掛時計
高野時計社製
〈名古屋〉

（大正期）高五七ｃｍ
ケースは木地材に似た條紋の石膏地。八インチ・ペイント地文字盤・振子式・八日巻・時打。

丸型掛時計
精工舎製〈東京〉

（明治後期～大正期）高五三・三ｃｍ
木地材を巧に用いた意匠感覚抜群の掛時計。トップ枠曲面は胡麻幹筋（リーディング）の寄木細工で、ドロップケースの輪郭は、玉縁状の段差による刳型装飾で強調する。双耳風の房飾も粋。八インチ・ペイント地文字盤。

丸型掛時計 高野時計社製〈名古屋〉

（明治後期～大正期）高五四ｃｍ

木地材を寄木、刳型などで細工する。トップとドロップを繋ぐような角形の双耳飾が面白い。八インチ・ペイント地文字盤・振子式・時打。

丸型小形掛時計 精工舎製〈東京〉

（明治後期～大正期）高四六・八ｃｍ

通称「剣丸」。骨太でしかも緊張感のある構成は、組物としても秀で、その図太い構えが、小振りな姿を大きく見せている。六インチ・ペイント地文字盤・振子式・八日巻・時打。

丸型掛時計 精工舎製〈東京〉

（明治後期～大正期）高五四・五ｃｍ

文字盤の枠材は桜。振子ケースの両側に細工柱を立て、裾部は三角錘の先端隅切による台箱が付く。振子窓ガラスには菱紋。八インチ・ペイント地文字盤・振子式・八日巻・時打。

丸型小形掛時計 セイコー舎製〈東京〉

（明治後期～大正期）高四一・五ｃｍ

ケース全体が木地仕立てで、その素地や寄木・枠組の継目が良くわかる。通常この上に塗装を施すが、本品は珍しく無塗装。試作品かもしれない。それが、かえって面白い味を出している。また、振玉が縦縞模様の円形ガラス製で大変珍しい。六インチ・ペイント地文字盤・振子式・八日巻・時打。

丸型掛時計 愛知時計社製〈名古屋〉

（明治中期）高五五ｃｍ

ケースは木地素材で、その枠を捩紋で縁取り、黒塗にして引き締める。ローマ数字の文字盤をみると、創業時期のものと思われる。八インチ・ペイント文字盤・振子式・八日巻・時打・ラベル有。

丸型小形掛時計 高野時計社製〈名古屋〉

（大正期）高二九ｃｍ

「おもちゃ」の愛称をもつ極小掛時計。コレクター人気商品の一つ。本品はⅨ（九）の時刻に接して鍵穴が開く珍しいタイプ。ケース材は総欅で、杢目が塗装と時代を通して古色を帯び、絶妙な趣を見せている。三インチ・ペイント地文字盤・振子式・秒針ダイヤル付・八日巻・時打。

丸型装飾掛時計・名古屋時計社製〈名古屋〉（明治後期～大正期）高七五・三ｃｍ

名古屋時計社（合資会社）は明治二九年頃に創業、ボンボン時計を盛んに製造した。本品は、その当時ひたむきに時計造りに打ち込んだ職工達の熱気が現在に至るも冷めずに伝わってくるような力作。特に、トップの文字盤枠に施された真鍮製の額縁飾は一際目を引く。この八方割の各辺に収まり、唐草紋が浮彫りされ、鍍金を加えてある把手（取っ手）形装飾は、効果覿面といったところ。振子も優れて意匠的で、中心面の繊細な陽刻双魚紋は美しい。姿かたちは八角にも福助型の変形にもみえる。檜と杉材を使用。一〇インチ文字盤・振子式・八日巻・時打。

箱型／角型

掛時計は多かれ少なかれ建築（様式）のミニチュア（小型＝ミニヨン）となっている。この顕著な例は、装飾掛時計の上部（屋根・冠）に見ることができる。また、本書後半に掲載する置時計の全体構造は、古代建築のミニチュアそのものといえなくもない。むろん箱型も建築様式を借りた構成となっている。その枠組は如実に一室（ボックス）を形成し、その左右対称な構成は、機械を内蔵する格納庫（ケース）の安全性を象徴している。厳密な秩序・権威が求められる時計は、建築様式の美的・技術的・実用的輪郭を纏って初めて効用を発揮する。箱型はその意味で最も合理的・簡略なスタイルといえる。そうした箱型・角型の一部は、日本的に座敷時計とも呼ばれている。

角型掛時計
名古屋時計社製
〈名古屋〉

（大正期）高六三cm

ケース（ボックス）は木地化粧板で構成し、要所を飾る刳型は、半円形の断面をもった細長い凸起條紋（葦茎紋・胡麻幹筋・Reeding）で、屋根中央に蕚紋（カリックス）らしき手彫植物模様を施す。文字盤には「馬と地球儀」のトレードマークが入り、ローマ数字や指針は特太。機械の状態も良く、木調アンティーク家具としても通用するコンディション抜群の掛時計である。一二インチ・ペイント地文字盤・振子式・八日巻・時打・完動品。

角型掛時計
ユンハンス社製
〈ドイツ〉

（大正期）七二・五ｃｍ

自然木の杢目が生きている。トップの棟飾（クレスト）はカリックス風の彫紋。扉枠の四隅に三角小間飾（スパンドレル・コーナーピース）が施され、各各を数珠紋で繋ぐ。文字盤と振子窓を仕切っているのが葦茎紋の刳型細工。窓ガラスにはダイヤ形のカットが入り、その装飾と呼応して、指針もダイヤ型に象られている。八インチ・白琺瑯地文字盤・振子式・八日巻・時打・半打・完動品。

角型掛時計
キンツレ社製
〈ドイツ〉

（大正期）高七五・五ｃｍ

胡桃材のケースに、刻紋の縦縞枠を通す。一〇〇頁の箱型がグラマーなら、こちらはスレンダー（スリム）。姿かたちは何となく和風で、風韻ある時報の音色ともども日本人が好みそうなタイプ。八インチ半・銀地四方形文字盤・振子式・一週間巻・時打・半打・完動品。

箱型掛時計
愛知時計社製
〈豊橋〉

（大正期）高五〇ｃｍ

ケース（ボックス）の主材に欅を使う。その木地の組み方に独特の趣がある。細筋の葦茎紋を縦横に枠取り、文字盤の額縁四隅に手彫花卉紋の三角小間飾を施し、裾部両側には刳型細工を配している。前雁木付。

角型掛時計
名古屋時計社製
〈名古屋〉

（大正期）高五一・五ｃｍ

ウォッチ＆クロック社が製造元である。文字盤には「馬と地球儀」印（ホースマーク）が入る。その額縁面は、月桂樹葉などの手彫刻紋、振子窓ガラスの左右に湾曲線のカットを施している。主材は欅。振子式・八日巻。

角型掛時計
愛知時計社製
〈豊橋〉

（大正期）高四六ｃｍ

ケースは欅材で、杢目が美しい。アーチ状の冠装飾と、矩形の台箱細工の組み合わせは粋で、振子窓ガラスに嵌め込まれた細枠格子も洒落ている。文字盤は大玉縁の寄木で枠取り、その額縁の四隅に発条紋風の三角小間飾を施す。振子式・八日巻・時打。

角型掛時計
セイコー舎製
〈東京〉

（大正期）四七・五ｃｍ

ケースは欅材を用いる。機械はドイツ製だが、白地琺瑯文字盤には「S」のマーク。振子指針は碇風のデザイン。振子窓ガラスには格子が入り、そこを通し水銀振子が見える。振子巻物状の裾飾も面白い。振子式・二週間巻・時打・半打。

角型掛時計 明治時計社製〈名古屋〉

（大正～昭和初期）

高四五ｃｍ

上部の屋根は軽い曲線による宮型。唐破風を連想させる優雅な造り。ケースの両側を枠取る縁飾に数珠繋紋の細工を施す。振子式。

角型小形掛時計 ユンハンス社製〈ドイツ〉

（大正期）高四四ｃｍ

角型掛時計 ユンハンス社製〈ドイツ〉

（大正～昭和初期）高四八・四ｃｍ

マホガニーの薄化粧板を張ったケース。振子窓ガラスの裏面には、ピアノ線を菱格子状に施す。屋根はすっきりした宮型風。チャイム時計とも呼ばれ、その名の通り時打・半打で瀟洒な美音を響かせる。指針はホローバトン（穴空き棒）型。振子式・二週間巻。

角型小形掛時計
精工舎製〈東京〉

（大正期）高四八ｃｍ

木地ケースの風合いが良く出た小品。屋根正面の真鍮製花束紋、扉左右の子持繋紋、振子窓の楕円形、指針のスケリトン（骨組）型など、特徴的な装飾となっている。六インチ・ペイント地文字盤・振子式・時打。

角型小形掛時計
精工舎製〈東京〉

（大正期）高四四・五ｃｍ

角丸型掛時計
精工舎製〈東京〉

（大正期）高四七・五ｃｍ

「角丸」は精工舎のヒット・デザイン。本品はその小形である。天然木のケースはシンプルに洗練され無駄がない。屋根飾には真鍮製のエンジェルを嵌め込む。六インチ・白琺瑯地文字盤・振子式・八日巻・時打・半打・オリジナル・完動品。

角型隅切
小形掛時計
精工舎製〈東京〉
（大正期）高四四・五ｃｍ

角型掛時計
セイコー舎製
〈東京〉
（大正期）高四九・五ｃｍ

一〇三頁右側に掲載した時計と同じタイプ。いわゆる「筋ガラス」で、振子窓ガラスは井桁紋を施し嵌め込まれている。

角型変形
掛時計
セイコー舎製
〈東京〉
（大正～昭和初期）
高四〇・八ｃｍ

文字盤の額縁を正方形で枠取り、屋根の中央に人面飾を施す。エプロン形の振子ケース上辺は刳型細工、両側には房飾が入る。隅々に神経を行き渡たらせた意匠は比類なく、珍品といえる。振子式・八日巻・時打。

角型小形掛時計 アメリカ製

（明治中期）高三七ｃｍ

メーカーは不詳。愛称「おもちゃ」の極小型で、収集家のアイドル。ケースに桜材を用い、木調が冴える。冠は五つの小丸を並べ、その下に同様の小丸四つを抜紋で施す。振子窓ガラスには英文金彩で「ＣＬＯＣＫ　４Ｉｎｃｈｓ」と描かれている。振竿は簀の子型。八日巻・時打・珍品。

角型掛時計 セイコー舎製〈東京〉

（大正～昭和初期）高五五ｃｍ

屋根は宮型の唐破風様式。その中央に真鍮型抜の梟を飾る。振子窓ガラスには格子紋のカットが入る。

角型撫四方掛時計 高野時計社製〈名古屋〉

（大正～昭和初期）高四一ｃｍ

一目にシンプルだが、細工は凝っている。ケース両側に玉縁を通し、内側寄りに段差を設け、正面からは面取風に見える。振子窓は、時計と縁の深い梟を象っている。振子式・八日巻・時打。

角型掛時計　愛知時計社製〈名古屋〉

（大正期）高四八・五cm

雁木車（エスケープ・ホイール）とアンクル（アンカー、パレット）を前面に出した、いわゆる前雁木式の機構を備えている。ケースは欅材を用いる。文字盤の枠地四隅に三角小間飾・角飾（コーナー・ピース）の発条紋が見える。振子窓ガラスには、金彩で「A／Z」と花唐草紋の縁飾を施す。振子式・八日巻・時打。

角型掛時計　エイコー舎製〈日本〉

（昭和初期）高四三・五cm

角型掛時計　明治時計社製〈名古屋〉

（昭和初期）高四四cm

角型掛時計
日本製

（昭和期）高四八ｃｍ

ドーナツ形文字盤に「Ｆｐｏｃｈ」と書かれてあるが国産。ケースは木地を生かした二種類の色化粧板による市松（石畳）紋。当時の斬新的ハイカラーを十二分に醸し出している。

角型掛時計
日本製

（昭和期）高四九・五ｃｍ

見るからにモダンな意匠を纏い、昭和という新時代の時計に相応しい。楕円形の文字盤に「Ｍａｓｔｅｒｙ」とある。ケースは縦割状に細凸起（葦茎）紋を通し、その左右に大理石調の吹付塗装を施す。

R型掛時計
セイコー舎製〈東京〉

（大正～昭和初期）高四七・五ｃｍ

屋根の大きなアーチと、三つ並んだ振子窓（中央は透明ガラス、左右はステンドガラス入）のラインが好対照を見せている。振子式・八日巻・時打。

菱型掛時計
日本製

（大正期）高五〇cm

メーカーは不明だが、国産に違いない。文字盤の額縁は撫角の菱型で、その寄木枠に溝飾を彫込む。文字盤の四隅には大柄な三角小間飾が描かれている。前雁木を備える。

建物型／逆振子式掛時計
日本製

（昭和期）高四七・五cm

逆振子時計はイギリス製品が良く知られている。本品は国産の特注品。通常、掛時計の文字盤は、見易くするためにケースの上部に設けられ、従って、振子（室）は下部に備え付けられてある。その上下が逆転したスタイルのものを「逆振子」と呼び、収集家の間では珍品として人気が高い。ケースは教会風で、黒柿と胡桃材を使用。四・五インチ半のペイント地文字盤。振子式・一週間巻・時打。

装飾型

時計という精密な機械を内蔵し機能させるのに相応しい容物（空間・部屋・ケース・ボックス）は、建築様式（アーキテクチュラル・スタイル）を模して造形化されてきた。建築も時計も、同じように美術と技術の共同作業から生まれた。古い掛・置時計の容物は、多くの場合、古代・中世建築、あるいはそのクラシック装飾の縮小コピーで、建築用語が古時計の外装・装備を説明するのに最も適しているのは当然である。なかでも、装飾型と称されるものは建築様式の影響を直に受けてきたといえる。

装飾　黒柿製掛時計
ユンハンス社製〈ドイツ〉

（明治中期）高八六ｃｍ

ドイツ長物の典型で、頂部（ターミナル）や裾部の擬宝珠以外に黒柿材を用いる。冠の中央は人面飾、刳型の台を受けるかたちの装飾ブラケット（モディリョン）がケース四隅に付く。六インチ・白琺瑯地文字盤・Ｊマーク入・二週間巻・時打・半打。振子は簀の子型。

掛時計は装飾（外面）も大切だが、機械（内面）はそれ以上に重要である。なかでも、振子（ペンジュラム）の存在は欠かせない。その振動が動力源となり、歯車に伝わり、指針を一定周期で運行させる。振子の等時性は、近代科学の父ガリレイが立証し、それによって時計の歴史は飛躍的な進歩を遂げることができた。ガリレイは教会の天井に吊るされていた燈火器を眺めながら、左右に揺れる振幅時間がどの場合も一定していることに気付き、その事実を自らの脈拍数で確認し、振子運動の法則を見い出し、またそこから、吊るす紐（竿）の長短によって振幅時間は規定されるという、いわゆる等時性原理が導かれたのである。しかし、この伝説的な大発見が時計（振子）の実用化に直結したわけではない。それは、彼の死後しばらく経ってからのことになる。

装飾　両柱掛時計・ユンハンス社製〈ドイツ〉（明治中期）高九二・五ｃｍ

頂上ターミナルと掉尾を飾る擬宝珠が本品の長躯を引き立ててみせる。また、冠の正面を飾る木彫花卉紋、その左右を飾る擬宝珠、それらを支える長押（エンタブレーチャー）の横木台座に施された小ブロック状歯飾など、雰囲気作りに細工を凝らしている。扉枠はさっぱりと纏めながら、両側にもすっきりとした柱を通す。仕上げの塗装は素晴らしいの一言。文字盤には独立の秒針式が付き、稀少品である。五インチ半・文字盤白琺瑯地ローマ数字・振子式一本掛・二週間巻・時打・半打。

装飾　両柱掛時計
キンツレ社製
〈ドイツ〉

（明治初期）高九七ｃｍ

冠のターミナルに堂々とした擬宝珠を立てる。裾飾は三方に擬宝珠、垂幕風木彫、台箱細工などが備わり力を注いでいる。金メッキ浮彫紋による振玉も目を引く。振子式一本掛・二週間巻・時打・半打・完動品。

装飾　鷲付両柱掛時計
キンツレ社製
〈ドイツ〉

（明治後期）高一〇五ｃｍ

冠の頂部は翼を広げた鷲飾。練物製だが、力強い造形で、本品の各式を高めている。扉枠の両側には豪快な細工柱を、さらに、その内側に細目丸柱を立て、二重柱の形式とする。重量感に安定感を添え、ケース全体の強度も保たれている。五インチ半・白琺瑯地文字盤・振子式・一週間巻・時打・半打。

装飾　両柱掛時計・ユンハンス社製〈ドイツ〉（明治初期）高一〇四ｃｍ

ターミナルの擬宝珠は輪塔（卒塔婆）調で、宗教色が漂っているような面白さがある。冠部と扉枠部を仕切る横木（縁板）上は、突出風のガレリー（ベランダ）になっている。こんなところにも建築様式の縮図・模倣化がうかがえる。扉枠の両側には、渋いデザインで洗練された柱飾を施す。その両柱を支える台木（床板）の断面は、前後に曲線を描く蛇形面（サーペンタイン）。ここにもまた、建築装飾の細部が巧みに取り入れられている。振竿はいわゆる簀の子型である。五インチ半・白琺瑯地文字盤・振子式・一〇日巻・時打・半打。

装飾　両柱小形掛時計・精工舎製
〈東京〉（明治後期）高六〇ｃｍ

ケースはマホガニー塗装仕上げ。桜材も使っている。天地に各三つの擬宝珠、扉ケース上下に蕾（蓮華／ロータス）紋の枠飾と、型抜花弁紋の金工細工（鋲飾）、その左右に先細風（オベリスク）の柱飾が施され、水銀振子（振玉）の形象なども含めた全体がシンメトリックな構成。冠の中央には、獣面飾を嵌め込む。六インチ・白琺瑯地文字盤（Ｓマーク入）・アラビア数字・振子式・二週間巻・時打・半打。

装飾　両柱掛時計
ユンハンス社製
〈ドイツ〉
（明治後期）高一〇一ｃｍ

五インチ半の白琺瑯地文字盤・一本掛振子式・八日巻・時打・半打。

装飾 宮型 両柱掛時計 ユンハンス社製〈ドイツ〉

（明治中期）高九三・五cm

冠は宮型風だが、局面にレリーフを施した丸屋根形のバスケット・トップ調といえる。裾部の半截球面には、ガドルーン（襞・溝彫紋／逆丸溝筋紋）装飾が入る。振竿は簀の子型。白珐瑯地文字盤・振子式・一週間巻・時打・半打。

装飾 両柱掛時計 ヨーロッパ製

（明治中期）高九四cm

ヨーロッパ・スタイルの中形掛時計。アンテーク家具の木質に劣らず、中心素材の胡桃が深い味を醸している。木工細工の醍醐味と機械作りの伝統が、ガッチリ手を組み合わせた印象さえする。五インチ半・白珐瑯地文字盤・振子式一本掛・二週間巻・時打・半打。

装飾　スリゲル掛時計
セイコー舎製〈東京〉

（明治後期）高九〇cm

ケース装飾の程良い木地彫紋は、並スリゲルといった趣。全体の黒塗装と振子窓に描かれた金彩紋の対比が冴えている。冠のターミナルを軸に、左右の木工細工が形作る三角状の意匠は、切破風パターンの一例といえる。総じて、ドイツ製品の雰囲気を漂わせている。振子式・八日巻・時打。

装飾　両柱掛時計／ロング・ケース型
精工舎製〈東京〉

（明治後期）高一一〇cm

木工細工から塗装まで、職人の練達ぶりが手に取るように分かる。その入念な仕事は、時代の経過によって益々真価を発揮してくる。西欧を強く意識した装飾でも、真摯に学び取り入れる姿勢が勝つことで、国産の作風を形成し得た。六インチ・白琺瑯地文字盤ローマ数字・振子式・一五日巻・時打・半打。

装飾　頭丸型掛時計
高野時計社製
〈名古屋〉

（明治後期）高六八ｃｍ

ダーク・ウッド材を使う。曲線を多用した形は洋風だが、どことなく和風を感じさせるのは無論ガラス絵の存在。そこには、金銀彩で梅に鶯と流水紋がデザイン化されている。六インチ・ペイント地文字盤・アラビア数字・ゴング打・八日巻・時打・半打・オリジナル・完動品。

装飾　頭丸型掛時計
アンソニア社製
〈アメリカ〉

（明治中期）高六八ｃｍ

ダーク・ウッド材を用いる。冠のターミナル台座には、ブロンズ製の人面（婦人）飾。金メッキ鋳物製の振玉にも唐草紋に囲まれた婦人像。台座と振玉に見える二人の婦人は、優美に呼応し合っている感じ。六インチ・ペイント地文字盤ローマ数字。振子式・ゴング打・八日巻・時打・半打・完動品。

装飾　両柱掛時計
ユンハンス社製
〈ドイツ〉

（明治中期）高九三・五ｃｍ

ユンハンスの評判は、高い性能をもつ機械（ハード・技術力）にあるが、同時に重厚かつ華麗に洗練された外観（ソフト・装飾力）にも人気の秘密がある。この真の実力は、ドイツ的ものづくりの伝統に裏打ちされ、他を圧倒する質量の製品を産み出してきた。本品もその一つといえよう。五インチ半・白琺瑯地文字盤・振子式・一五日巻・時打・半打・完動品。

装飾　頭丸型掛時計
大日本時計製造場製
〈日本〉

（明治中期）高八一ｃｍ

何ともユニークで、ユーモアさえ感じさせる装飾だが、そこに時代の古さ、揺籃期の掛時計がもつ和洋折衷性が見てとれる。上部アーチを支える形式の装飾ブラケット（双耳）には雷紋も見える。九インチ文字盤・振子式・八日巻・時打・ラベル有。

装飾　掛時計
ユンハンス社製
〈ドイツ〉

（明治中期）

高八七ｃｍ

ケースに擬宝珠、浮彫花卉紋、木地細工、装飾柱、黒塗装を施し、振子窓ガラスには金彩で月桂樹葉などの図案が描かれてある。五インチ半・白琺瑯地文字盤・C．W．Cマーク入・振子式・二週間巻・時打・半打。

装飾　黒柿製
掛時計
ユンハンス社製
〈ドイツ〉

（明治後期）

高八三・三ｃｍ

ポピュラー・タイプのドイツ製長物。黒柿材のケース地に、冠、擬宝珠、扉細工とその四隅の装飾ブラケットなどが調和し、気品を漂わせている。六インチ・白琺瑯地文字盤・振子式・二週間巻・時打・半打。

装飾　黒柿製
掛時計
グスター
ベッカー社製
〈ドイツ〉
（明治中期）
高八一ｃｍ

装飾　両柱掛時計
精工舎製
〈東京〉

（明治後期）高七六・二ｃｍ
冠のトップには金工装飾（錺・かざり）。扉枠左右の立派な両柱が、文字盤や振子を保護するように立っている。振竿は簀の子型。優れた機械を備え、精工舎が全力を傾注した所産。五インチ半・白琺瑯地文字盤・振子式・二週間巻・時打・半打・完動品。

装飾　黒柿製掛時計・ユンハンス社製〈ドイツ〉（明治後期）高八六・五ｃｍ

黒柿材を用いたユンハンス社自慢の長物。冠の頂上飾（ターミナル）に、ドイツの国力を誇るような擬宝珠が設けられ、左右にはそれと共通した雰囲気をもつ威風堂々の木工細工。ケース扉ガラスの上下は、手の込んだ木彫花柄紋が嵌め込まれ、扉枠四隅にも類似の浮彫紋（装飾ブラケット）が備え付けられている。また、扉の振子窓辺は、金彩毛線による優美な花唐草紋のガラス絵が描かれてある。繊細さと豪快さとを併せ持った逸品といえる。六インチ・白琺瑯地文字盤・振子式・二週間巻・時打・半打。

装飾　両柱掛時計
精工舎製
〈東京〉
（明治後～大正期）
高七三cm
五インチ・白琺瑯地文字盤・振子式・八日巻・時打・オリジナル・完動品。

装飾　両柱掛時計
精工舎製
〈東京〉
（明治後～大正期）
高六〇cm
六インチ・白琺瑯地文字盤・振子式・八日巻・時打・オリジナル・完動品。

装飾
両柱掛時計
高野時計社製
〈名古屋〉

（大正期）高八五ｃｍ

上部は典型的な建築様式を模している。その破風的輪郭をもつ造形は、ポーティコ・トップ（屋根付玄関型）、あるいは単にポーチ（張出玄関型）に近い。振玉には洋装の婦人が描かれている。その外観の凝り方に較べ、機械はシンプルなボンボン時計のもの。六インチ・ペイント地文字盤・振子式・八日巻・時打。

装飾
両柱掛時計
精工舎製
〈東京〉

（大正期）高七〇ｃｍ

木地の味が素朴に出ている。冠のトップに宝珠にも見える花弁彫紋を施す。その直下は人面飾。左右と裾回りに付く擬宝珠は、どことなく五具足の華瓶を連想させる。水銀振子式。六インチ・ペイント文字盤。

装飾　頭丸型掛時計
精工舎製〈東京〉
（明治後期）高七一・五ｃｍ

黒柿、檜、杉などの材質を使い分け、要所に装飾をあしらい、流麗に纏めている。上部に正しく冠を戴く。出色は真鍮製の振子。戦士の肖像を象った浮彫が振玉の中心に置かれ、その周囲を火焔風の枝葉紋で飾り、メッキ処理。六インチ・ペイント地文字盤・八日巻・時打。

装飾　頭丸型掛時計
精工舎製〈東京〉
（明治後期）高七〇ｃｍ

細部は異なるが、右掲と同じタイプ。宮型とも呼ばれる曲線屋根を持つ。その両端に擬宝珠が垂れる。このようなスタイルにはまた「涙の雫」の愛称が与えられている。扉枠に黒柿材、他の木地細工材は檜、杉、朴など。振子窓ガラスの金彩は花唐草紋、扉の台座には歯飾風（デンテイル）刳型。六インチ・ペイント地文字盤・八日巻・時打。

丸型木彫
大形掛時計
精工舎製〈東京〉

（明治後期）

高一〇七・五cm

駅、学校などの建物に掛かっていたと思われる大時計。トップ文字盤の外枠は欅材。そこに力強い手彫の花弁繋紋を施す。その内側は、少しの余白を取るような杢目地が巡っている。本品の勇健振りは、写真ではうまく伝わらない。実際、間近で見てみれば、威圧されてしまうに違いない。

丸型木彫
掛時計
精工舎製
〈東京〉

（明治後期）

高八六・五cm

トップ文字盤の外枠、ドロップ扉の木地二方、双耳、床台下の各々にシャープな彫紋装飾が施され、細工人の技量が遺憾なく発揮されている。

丸型木彫掛時計・精工舎製〈東京〉（明治後期）高七五・五cm

彫りの深い木工細工が全体の陰影感を強めている。裾部の巻物飾面に、祝う菓子型のような面白い木彫が添えられ、振子ケース枠の両側では、天使の翼を彷彿とさせる透彫耳飾が羽ばたき、文字盤の外枠には、これまた縁起の良い花輪彫がおおらかに飾られてある。素材は欅に石膏地。栗色の塗装仕上げ。振子窓の上枠を反らすような曲線取も妙味。一〇インチ・紙地文字盤・振子式・八日巻・時打。

丸型木彫大形掛時計
精工舎製〈東京〉

（明治後期）高一三五ｃｍ

学校や駅などの目立つ所に置かれた、一二インチ文字盤の大形時計。当時の勤勉な日本人にとって、権威溢れる存在でもあり、それだけにメーカーも相当の情熱を注ぎ生産にこれ努めた。振子式・八日巻・時打。

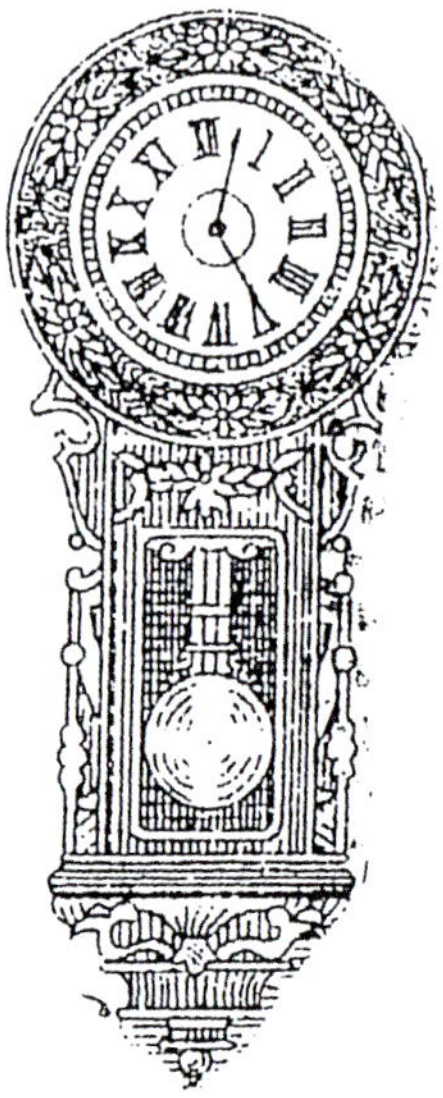

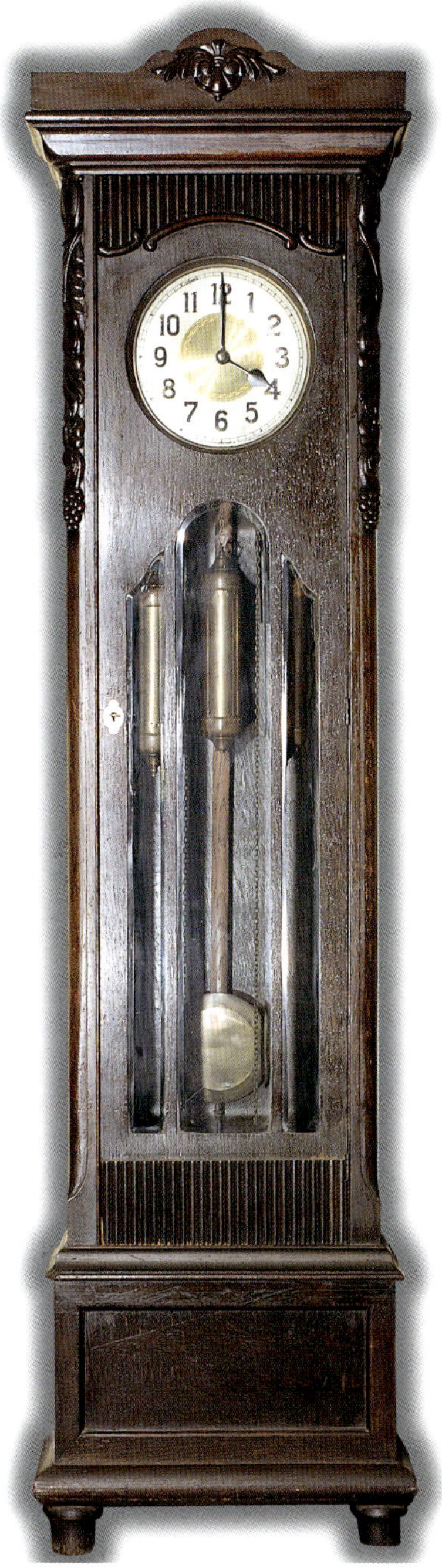

置時計

一七世紀後半、オランダのホイヘンスによる画期的な二つの発明が、機械時計の歴史に大きな前進をもたらした。その一つは、「振子」の応用（大物時計向け）、もう一つは「天符ゼンマイ」の応用（小形・携帯時計向け）である。以降、一八四〇年にスコットランドのベーンが時計の駆動・制御に「電気」利用を考案するようになるまで、「振子」と「天符ゼンマイ」の動力装置が時計の心臓部を独占してきた。

大物時計あるいは機械時計の中心は掛時計と置時計である。掛時計の多くは振子式なのに対し、置時計（枕時計・提時計・目覚時計・玩具時計等の小形も含む）は一般的に天符ゼンマイ式となっている。むろん例外もある。当頁に掲載した大物置時計の場合、動力は振子になる。このおよそ高さ二メートルを越えるような大物置時計は、昔から長枠時計と称されてきたが、別名グランドファーザー・クロックという。訳すと「おじいさん時計」となるが、一説によると、その名前の由来は一八世紀後半頃に溯る。長枠時計を見るにつけ「代々（祖父の代から）伝え継がれてきたような由緒・古さ」に感銘を受けてきた時計職人達の間で呼び慣わされ始めたと言われている。ちなみに、「おじいさん時計」より少し低い一・五メートル位のものをグランドマザー・クロックと呼ぶ。この「おばあさん時計」という名称は、「古さ」などに由来するわけではなく、寸法的に並べ見て、単に「おじいさん時計」との関係付けによってもたらされたものと思われる。

三本分銅引長枠時計
／ロング時計
ミュレンケル・
キンツレ社製
〈ドイツ〉

（一九世紀前期）高二二〇cm

シンプルなデザインだが、細部はなかなか凝っている。文字盤はドーナツ型で、内円は唐草紋を彫金細工した真鍮板が嵌め込まれ、銀地メッキ処理の外円と品良く調和する。その文字盤がある扉枠左右の側面には柱飾を備え、縦列にパイナップル・洋梨・花卉・葡萄などの彫紋を施す。木彫技術は見るからに熟練を感じさせる。棟飾（クレスト）と台座辺は重厚で、その上下に蔓を繋ぎ絡ませた細凸起状紋（リーディング）の刳型を沈羽目板風に設けている。振子窓枠の上部は山形に縁取り、そこに面取ガラスを添わせ、憎い演出を魅せてくれる。扉枠中央の鍵穴周りにも、さらりとした処理（イスカッチョン）を見ることができる。また、時報を独特の機構（チャイム付）で聞かせてくれる。鋳物製の時打装置が奏でるチャイムは、一五分に一節、三〇分に二節、四五分に三節、六〇分に四節と、女性的な美しい音階を響かせ、四節が終了した時刻変わりには、男性的な音調が鳴り渡る仕組みになっている。楽譜はロンドン・ウエストミンスター寺院のもの。なお、分銅の重さは三本で一〇キログラムもある。八・五インチ金属製文字盤・時打・一五分毎打（ウエストミンスター・チャイム入）・オリジナル・完動品。

広東時計・イギリス製（一八世紀前期）高五二・五cm／幅二七・五cm

時・分・秒の三指針は各々特徴的。文字盤の周囲は、浮彫唐草紋と蝶つがい紋を施した金属板を嵌め込む。その黄金地の中には「喜」の銘が入っている。幅広の外枠は紫檀材を用い、オリエンタル風の宝尽模様による螺鈿細工（蝶貝装飾）を鏤める。機械は真鍮製で、鎖引冠形脱進機。鎖引装置のゼンマイは、背面部の機械の方で巻く。一五分毎に二種類のベルを打ち分ける。ケースは中国製、機械はイギリス製のオリジナル・完動品。時打・七日巻。

中国に機械時計を最初にもたらしたのは、一六世紀末期のイエズス会伝道師マテオ・リッチとされている。中国ではその美しい時報を奏でる機械時計を「自鳴鐘」と称し、皇帝や貴族の間で重宝がられた。日本の長い鎖国中、中国は西欧諸国と着実に交易を実施していた。中国陶磁器などの輸出は有名だが、時計などの輸入も盛んに行われたという。宣教師や外交官達によって持ち込まれた舶来品は、北京に集中することが多かったのに対し、貿易品は国際港の広東を経由して市場に出た。その一つが機械時計で、交易の要衝「広東」の名を冠せられ流通するようになった。当時の機械時計はイギリス製の他、スイス製などもあったが、特にイギリスの時計会社のなかには、中国市場に力を入れ、そのために中国風の装飾を専門に施し売り込む製造所もみられたという。

ルイ一六世様式置時計
フランス製

（一八世紀末期）

高四〇・五ｃｍ／幅三五ｃｍ

フランス皇帝・ルイ一六世風の装飾を全面に施してある。刻目紋に縁取られた文字盤上で、帽子を被った貴公子が足を組み座り、左手にワインの瓶、右手にグラスを持ちポーズをつくっている。「ワインを飲む男」というタイトルが付く。典型的な彫像型置時計で、かなり重い。真鍮鋳物製に金メッキ処理した装飾・細工の豪華絢爛な趣は比類ない。三インチ・白琺瑯地文字盤・振子式・一五日巻・時打。

装飾置時計
フランス製

（一八世紀後期）

高四三・五ｃｍ

白大理石をふんだんに用いたクラシックな雰囲気の置時計。文字盤胴体は五本の丸柱に支えられ、その左右にアンフォラを象った装飾が配される。セットのいずれも白大理石が中心で、機械はその石材を加工して組み込む。振子は緻密な装飾による真鍮鋳物製金メッキ。白と黄金を対比させ、神殿風の構成を借りて見せるフランス製ならではの演出といえよう。振子式・一五日巻・時打。

蟹型置時計
イギリス製

（一八七一年）

幅二〇cm

「一八七一年」の年紀銘が入っている稀少品。彫刻家の作品と見紛うばかりの造形は、リアルで迫力がある。青銅製で、小品ながらズシッと手応え十分。文字盤は黒琺瑯地に白ローマ数字。機械は大変に古いタイプの冠型脱進機・鎖引となっている。完動品。

装飾置時計・フランス製（一九世紀後期）高七一cm

三インチ文字盤は、薄象牙色地に花柄模様が入っている。時計本体の上部には、女神と思しきシースルー姿の裸像が球乗りして立つ。台座部に制作者のサイン「GAUPEZ．H」が見られる。この圧倒的な完成度を示すブロンズは、彫刻家の相当な腕前を余すところなく物語っているようだ。女神の左右には、荘厳な燭台が添えられ、より優美な効果を上げている。また、文字盤内の秀れて装飾的な指針にも注目したい。振子式・一五日巻・時打。

梟型置時計
日本製

（昭和前期）高二三・五cm

梟を象った置時計。文字盤は木訥とした構えで、指針は玩具風だが、造作はしっかりしている。指針の移りに合わせ、目玉が左右に動き、梟はそのつど表情を変える。テンプ式・一日巻・オリジナル・完動品。

ちなみに、時計のデザインに梟が良く使われるのには訳がある。古来ギリシアでは、梟は技術・工芸を統治する女神（名をアテナと言い、ギリシア神話に登場する）の鳥であった。また、ローマ神話における女神ミネルバも、アテナとおなじ役割を与えられてきた。時計は、そうした女神が司る技術の枠を集め造られてきた。さらに、女神の鳥としての梟は、夜（月）の象徴でもあった。そのことは、白日下での開放的な行動（直感）に対する、闇での反射光に頼る冷静沈着な思考力（理性）を暗示している。この理性的技術の成果ともいえる時計に不可欠な「未来を予測する力」は、アテナ・ミネルバの化身つまり梟の透視能力に通じる。

犬型置時計／目玉時計
ドイツ製
（一九三〇年代）
高一四・五cm

手作りによる木彫のように見えるが、型抜で量産されたもの。目玉部分を文字盤とし、左側は時針、右側が分針になっている。時計の任務をちゃんとこなす一方、玩具の役割も併わせ持つ、実に楽しげな道具ではないか。テンプ式・一日巻。

煙突付建物型
目覚時計
ユンハンス社製
〈ドイツ〉
（明治初期）
高一八・五ｃｍ
いわゆるユンハンス五星時代（一八八八〜一八九〇年）に製造された置時計。文字盤は金属板に紙が貼ってある。その上部に目覚時刻のダイヤルを施し、下部にはベルが備わる。当時の子供部屋で大活躍した面影を漂わせ、思わずベルを鳴らしてみたくなる。現存数が限られている「五星マーク入」の珍品である。テンプ式・一日巻。

三面置時計・日本／愛知県製（大正期）高二六cm

木地ケースの屋根と台座部は黒漆塗装を加え、三面の各側部には、純金の箔張装飾を施している。文字盤三面は一つの機械で作動する仕組み。愛知県内に製造元があったと思われる。斬新な意匠の中に伝統の重みも感じられる。文字盤に「SKマーク」が見える。テンプ式・一日巻。

ラック・クロック／重力時計

イギリス製（一九世紀）高二二・五／幅一〇cm

直径一〇センチの円型文字盤（時計）を、二本の細柱が貫いている。時計を上方へ手引きすると、重力により下降し始め、それに従って指針が作動する。柱の内側は直列に歯が刻まれ、これらと時計機械の歯車が齟み合う仕組み。時計は上から下へ一昼夜を費やし降りて行くので、一日一回押し上げてやらなければならない。文字盤には振子が設けられてある。「一五二六年五月二〇日パテント」の刻銘付。素材はブロンズ。

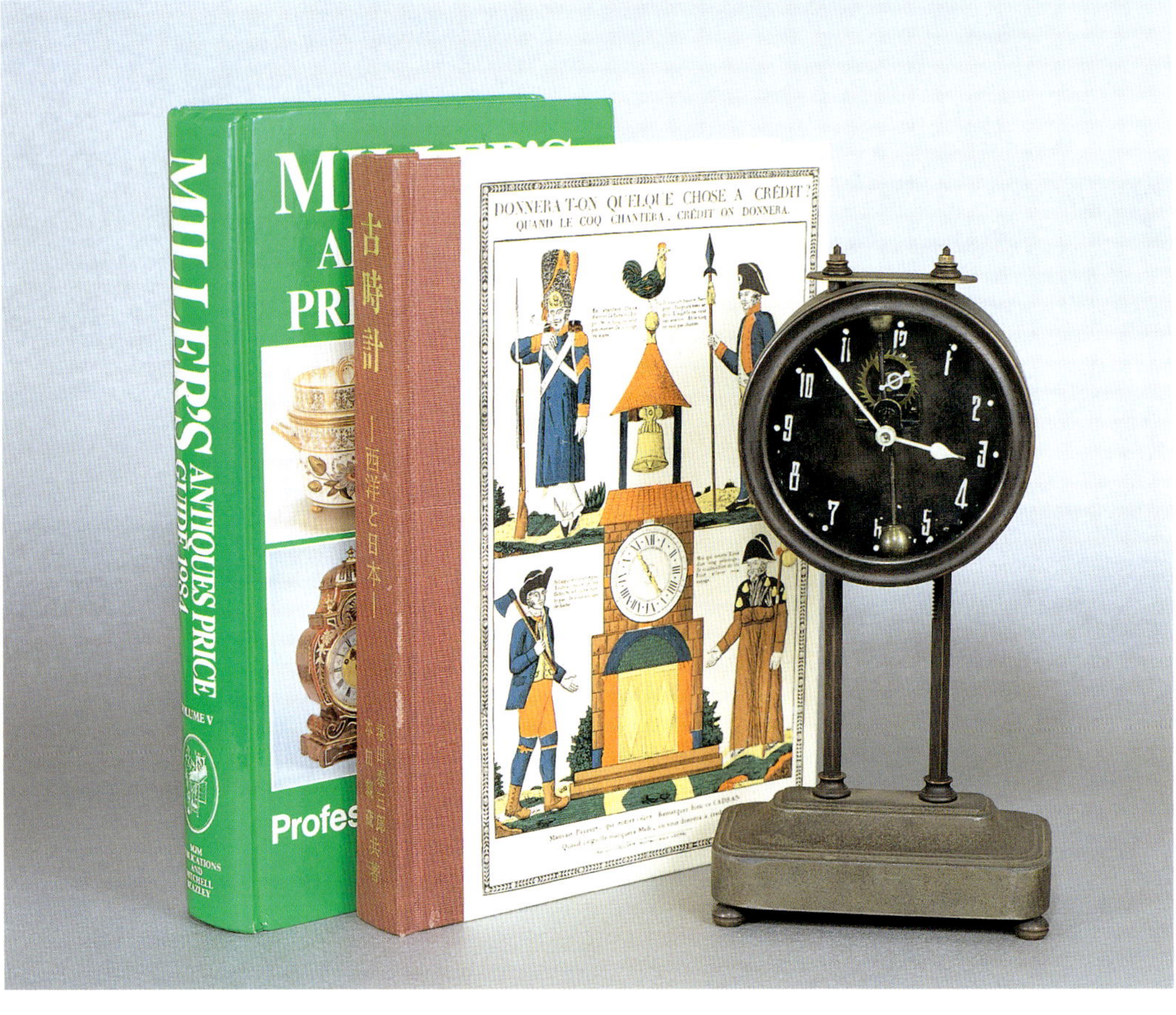

ベル‐トップ型置時計・ハンブルグ‐アメリカン社製〈ドイツ〉（一九〇〇年代）高四八・五ｃｍ

ドイツ特有のスタイル。ウオーク材を用いる。屋根はベル（鐘）の形で、提時計や塔時計の頂部にしばしば見られる様式。二段型バスケット・トップともいう。立派な擬宝珠が印象的。文字盤の枠地四隅には、彫金メッキ仕立ての角飾（コーナーピース）を施す。裾の腰板（壁）にも、同系のレリーフ・タイプ金具飾を備える。五インチ半の文字盤はドーナツ型。象牙色琺瑯地にローマ数字（字間には百合をアレンジした赤い花柄紋を配置）の外円、内円は金属プレス板。振子式・一週間巻・時打・半打（美しい低音のコングを鳴らす）。

装飾両柱置時計・ハンブルグ-アメリカン社製〈ドイツ〉（一九〇〇年代）高四九ｃｍ

豪壮な館の輪郭をもった置時計。塗装仕上げのウオーク材と、彫金レリーフ・メッキ処理による金具装飾との組み合わせは、とても洗練されている。棟飾風な正面は冠を戴く人面と唐草紋。扉枠の周囲にも、同趣の貴種をシンボライズした金工細工が鏤められてある。五インチ半・ドーナツ型文字盤の外円は白琺瑯地、内円には華麗な花柄彫金レリーフを嵌め込む。水銀振子が備わる。振子式・二週間巻・時打・半打。

古時計に欠かせない振子の中で、水銀式は独特の機能を有している。正確を求められる機械時計にとって、問題は季節・昼夜などの環境毎に変化する温度である。他に、ゼンマイの強弱（巻上時と戻り時の差）でも影響されるが、一番の難題は温度差といわれている。時計の機械素材・金属は、温度の上昇で伸びてしまう性質がある。その差が一般的な振子（振竿・振玉）に作用し、例えば夏になると振竿が伸びることで時間を遅らせ、冬は逆の状態になる。水銀振子は、この温度差による振竿の伸びを補正するために考案された。通常、水銀式の振玉は、一定量の水銀が入る密封状の容器（ガラスか金属製）になっている。温度が高くなると水銀も上昇する。それが振竿の伸びを相殺し、時間の遅れを防ぐ仕組みである。一七二一年、ゲオルグ・グラハムが発明したという。

装飾置時計
ユンハンス社製〈ドイツ〉

（一九〇〇年代）高四三・五cm

ケースはウオーク材に丁寧な塗装処理を施す。擬宝珠七個を配し装飾効果を上げる。頂部、屋根を乗せた天板、台座などに見られる刳型も木工の良さを倍増させている。金具細工の抑制した造りと使い方に、伝統の奥行きを感じさせる。三インチ半・白琺瑯地文字盤・振子式・二週間巻・時打・半打。

頭丸型置時計・ユンハンス社製〈ドイツ〉

（一九世紀末期）高二八・五cm

ケース素材はマホガニーと胡桃。シンプルな姿かたちに小粋な屋根のカーブが良く似合う。角形駒取の文字盤は、特別製のかなり凝った銅板レリーフを嵌め込む。ローマ数字は、彫金で打出し金メッキを施してある。指針も手造り。振子式・一週間巻・時打。

頭丸型置時計

（明治後期）高三四・五ｃｍ

製造所は不明だが、渋い装飾は印象的。屋根の局面は深い切アーチ（ブレークアーチ／宮型）の一種で、その両端を四本の角柱が立体的に支えている。柱の上部は洒落た台輪（インポスト）で、扉の下枠左右に見えるのは小さな花弁彫。この装飾は、扉のガラス絵、そして金メッキ処理された振玉の彫金レリーフとも、類似性をもたせている。全体に木地（彫紋・細工・刳型）が精彩を放ち古典的な趣。五インチ・銀地文字盤・振子式・一週間巻・時打。

横長置時計・マンテ社製〈ドイツ〉

（明治後期）高二六・五／幅五八・五ｃｍ

横長ケースが共鳴箱の役割を果たすので、一五分毎のウエストミンスター調チャイムは、楽器を奏でるように美しく響き渡る。ゼンマイは指針用・時打用・チャイム用の三つがある。六インチ・銀地レリーフ文字盤・振子式・一週間巻・時打・一五分チャイム付。

頭丸型真鍮製両柱置時計
ユンハンス社製〈ドイツ〉

（明治初期）高四四・五ｃｍ

ケースは胡桃材。扉枠の両側は、細長い瓶の底を合わせたような手摺子形の珍しい真鍮製柱飾。五・五インチ文字盤はドーナツ型で、外円は薄象牙色琺瑯地、内円は菊紋彫金レリーフを施す。その菊模様は、扉ガラス絵の菊・蝶の装飾と共柄で、また、振玉の彫金細工によるテントウ虫紋との共通性も見られる。ケースの裏にパテント証明があり、「世界第一大鐘」と記載されている。振子式・八日巻・時打・オリジナル・完動品・ラベル有。

バスケットトップ型置時計
ユンハンス社製〈ドイツ〉

（一九〇〇年代）高二三・五ｃｍ

質素で小さな姿が何とも可愛らしい。かつて、料理の本の表紙を飾ったこともある。天板に付いた金彩小丸の擬宝珠も微笑ましい。本体両脇にも上部の小丸と繋がるように細丸柱が立つ。その内側には黒い縦線のポイント飾。文字盤と振子窓は大小の円枠で、各々ガラスを嵌め込む。台座は屋根とほぼ等しい幅に取られ、安定感をもたらしている。二インチ・銀地文字盤・鍵穴一つ・振子式。

角型置時計・ユンハンス社製

〈ドイツ〉（明治初期）高三〇ｃｍ

ケースの樫材が上手に生かされている。文字盤枠と振子窓部とが二等分され、端正にバランスを保って佇む感じ。下方の両柱は、上方を支えながら、玄関（フロント）の装飾を兼ねる。その正面の振子扉は四方入隅風の縁取で味がある。角形銀地文字盤・振子式・一日巻・打方無し。

面取型置時計・アンソニア社製〈アメリカ〉

（一九世紀末期）高四一・五ｃｍ

アンソニア社は機能性と装飾性に優れた機械時計を生産して人気を博し、花形機種を幾つも抱えた製造元として世界にその名声を轟かせた。本品もその名に違わぬ出来栄えである。何よりモダンでシャープな意匠が魅力的。全身の角度あるプロポーションに、木地黒塗装と金属モール・金具装飾がフィットしている。扉のガラス絵は、銀彩による東洋的な花籠図と南洋的な植物図の取り合わせ。オランダ・デルフトの陶磁器絵付を彷彿とさせ、不思議な情緒が漂う。六インチ文字盤の下部は、銀メッキの入ったリン打。振子式・八日巻・時打・ラベル有。

ゴシック型置時計

（明治初期）高七六・五ｃｍ

中世美術・建築の一大様式として隆盛したゴシック式を借りている。尖った屋根、アーチ構成、角張った形状をもつ教会・塔・館風などが特徴的で、本品もそうしたポイントを押さえている。ケースは柞材の木目を巧みに取り、塗装仕上げ。擬宝珠、両柱、窓枠などの刳型・細工は一流。振玉は彫金唐草紋に銀メッキ。製造所は不詳。六インチ文字盤・八日巻・時打。

ゴシック型置時計 アンソニア社製 〈アメリカ〉

（明治後期）高五九・五ｃｍ

左掲と同じタイプだが、金装飾を強調している。彫金メッキ・金箔・金モールなどを擬宝珠や飾柱の台座部、アーチ屋根枠に施し、高級感を演出する。さらに、文字盤の縁取部、振玉にも彫金を嵌め込み、クラシックな統一性を添える。五インチ半文字盤ローマ数字・八日巻・時打。

アール‐ヌーボー型置時計
フランス製

（一九世紀末期～一九一〇年代）

高二四ｃｍ

アール・ヌーボーと呼ばれる独特のスタイルをもった置時計。全体の姿かたちは気球時計（バルーンクロック）に近いが、文字盤枠の上部に面取を入れ、ハート状の変形になっている。蕾のような女性的曲線、小柄でキートな雰囲気、モダンな意匠などが合わさり、個性を際立たせる。ケースの素材は高級化粧板として使われるマホガニー。そこに装飾材と貝殻を截り分け象嵌紋を施す。本品の機械はフランス製、ケースはイギリス製で、英仏合作時計である。

アール・ヌーボー（フランス語）とは、形式上、一八九〇年頃から一九一〇年までの短い期間、ヨーロッパを中心に開花した芸術運動、文化様式の総称で、「新芸術」の意味がある。この名称は、ユダヤ人美術商サミュエル・ビングが一八九五年パリで開いた店名に由来するという。建築、家具、装身具・クラフト・インテリア・デザイン、デコレーションから、絵画、彫刻、版画まで、さらにポスター、挿絵、風俗全般にまで影響を及ぼし、多彩な成果をもたらした。そのなかで特に重要視されたのが、植物的モチーフ、曲線的表現、装飾的造形などである。

アール－デコ型置時計

（一九二〇～三〇年代）

高三二・五cm

製造元は不詳だが、そのアール・デコ様式によるデザインは優れた斬新性を示している。菱形（ダイヤ形）額縁は型抜の真鍮製で、大胆に図案化した歯紋（幾何紋）を施し、黒と金茶を塗り分ける。形状にも配色にも、どこかアフリカ的、民族的感性が漂う。型抜の文字盤も不思議な味わい。ただ、当時の鋳型は日本製が圧倒的に多いことから、本品はもしかしたら国産かもしれない。四インチ半の文字盤・テンプ式・一日巻。

アール・デコ（フランス語）とは、「装飾美術」の意味。一九二〇年代から三〇年代の極く短い期間、後期アール・ヌーボーからバウハウス・デザイン確立までの中間期に、ヨーロッパで展開された装飾様式で、直線と立体による構成、シンプルなデザイン、幾何紋のアレンジなどを特徴とした。手仕事・一品制作に力点を置き、建築・家具・美術・工芸をはじめ様々な分野で成果を残した。その名称は、一九二五年パリにおける現代装飾・産業美術国際博覧会の略称に由来している。

オルゴール付目覚時計
精工舎製〈東京〉

（明治後期）高二一ｃｍ

ケースは木地塗装仕上げ。側面は化粧板を曲物処理してある。正面下に金彩を施す。ポピュラーなニッケル製に較べると、手触りが格段に良い。三インチ・ペイント文字盤の中に、目覚ダイヤルと秒針が付いている。テンプ式・一週間巻。

頭丸型置時計・精工舎製〈東京〉

（一九〇〇年代）高四四・五ｃｍ

今ではこのような手の込んだ置時計は見られない。機械も素材も、スタイルも装飾も、手に負えない。コストが合わない。レプリカでも、この味は絶対出せない。真鍮金メッキによる彫金細工や柱飾が、木地塗装と派手に同居している。一歩間違えるとキッチュ（俗悪趣味）になる。時が経ち、晒され、風化したともいえる。振子窓のガラス絵は薔薇。六インチ・ペイント地文字盤（金メッキのベル入・リン打）・振子式・八日巻・時打。

枕時計・フランス製（一九世紀）高一六ｃｍ

枕時計（キャリッジ・クロック）はフランス製が群を抜いて優れている。一つひとつ丁寧に磨きをかけられた機械部品は、繊細な時（音）を刻み、寝ている耳元に置いても、ほとんど聞き取れないくらい静か。ここに、その姿かたちと相俟って、枕時計の魅力があり、珍重されてきた理由がある。本品の二インチ文字盤は、外円が白琺瑯地、内円が金属レリーフ装飾のドーナツ型。提手、ケース上下に綺麗な加工・細工を施す。素材は真鍮メッキ処理。シリンダー脱進機・八日巻。

枕時計・フランス製（一九世紀）高一六ｃｍ

枕時計とは何と素晴らしいネーミングではないだろうか。明治の頃からの呼称といわれている。歯車など機械の性能・精度を重要視し、入念に造られ高い評価を得てきた。枕時計の中には、機械がプレス仕上げされた種類もみられるが、本品のは真鍮磨きの一級である。また、平均的なものより大振り。このような機械が一〇〇年以上昔すでに製造されていたのだから驚く。シリンダー脱進機・八日巻。

楕円型置時計・フランス製（一九世紀）高一六ｃｍ

金属地ケースは鏡のように美しく仕上げられている。小型変形だが、見るからに機敏。機械はむろん真鍮磨きで処理され、ゼンマイは香箱入で、歯車は全て本格的。懐中時計には細打式もあるが、本品は、例えば一二時を過ぎてから一時までの間に何分でも一二を打つので、暗闇で時間を知るには実に便利といえる。二インチ・白琺瑯地文字盤・シリンダー脱進機・八日巻。

枕時計 フランス製

（一九世紀）

高一五ｃｍ

真鍮メッキ処理の瀟洒な置時計。ケース窓ガラスは面取で、その両側に装飾丸柱を施す。白色琺瑯地文字盤・シリンダー脱進機・八日巻。

装飾置時計 フランス製

（一九世紀）高一四・五ｃｍ

ケース外装は金属メッキ仕上げ。二インチ・白琺瑯地文字盤の周囲は、綿密な霰唐草紋の彫金浮彫による赤金地板で出色。機械は真鍮研磨の本格品。シリンダー脱進機・八日巻。

枕時計 フランス製

（一九世紀）高一四・五ｃｍ

上の置時計と同じタイプだが、本品の文字盤はアラビア数字になっている。また、ケース窓に嵌め込まれた面取ガラスの両側は角柱で、提手の形も、上掲のものと異なる。シリンダー脱進機・八日巻。

横型置時計・セイコー舎製〈東京〉

（一九二〇年代）高一三・五cm

ケースはブロンズ製で、屋根と台座の面取部にプレス装飾を施す。提手の装飾も共柄。白珐瑯地文字盤の左側は時計、右側は日付と曜日を示すカレンダーで、各二インチ。真鍮機械研磨・テンプ式・八日巻。

目覚時計・セイコー舎製〈東京〉

（大正末〜昭和初期）高一八・五cm

大正ものの時計らしく側は真鍮板プレス製。オルゴールは「蛍の光」。テンプ式・八日巻。

縦型置時計・セイコー舎製〈東京〉

（一九二〇年代）高一八cm

ケースはニッケル製。飾り気のないレトロ風な素朴さが親しまれ、けっこう人気がある。文字盤の上部は時計で、下部が日付と曜日を示すカレンダーになっている。テンプ式・八日巻。

総体振時計

（一九〇〇年代）高四五・五ｃｍ

女神立像はブロンズ製。製造元は不詳。時計本体はドラム形で、内部に機械が格納されている。その外枠は真鍮金メッキ、二インチの文字盤には金彩のアラビア数字、指針、振竿、振玉も金装に仕立てる。ゼンマイを巻く鍵穴はドラムの裏にある。球形の振玉はかなり重く、それが上方のドラム（時計）と一体になっており、女神の指し延ばす手先に据え置かれ、そこを支点として、絶妙なバランス関係を保ちながら振子を作動させるが、ドラム（機械）の内部には、もう一つ振子が納められ、この二つの振子の連携によって、時計は運動を続けることができる。八日巻。

総体振時計

（一九〇〇年代）

高三四・五ｃｍ

製造元は不詳だが、女性立像はブロンズ製。当時、彫像類には日本製が数多く使われていたという。硝子ホヤ入。振子式・一週間巻。

総体振小形時計
ユンハンス社製
〈ドイツ〉

（一八九〇年代）　高三五ｃｍ

前頁掲載の総体振時計と同型の小形。金メッキ処理の女性像はブロンズ製。一・五インチ・白琺瑯地文字盤・振子式・一週間巻。

四百日巻置時計
キンツレ社製
〈ドイツ〉

（明治初期）　高二八・五ｃｍ

「四百日巻」という機能が謳い文句の置時計。丈夫な金属製ワイヤ（弦）に吊るされた重い四つの分銅が、右に左へと反復を繰り返しながら回る。その周期的な運動で指針が進む仕組み。反復周期の約一〇秒毎に、一歯ずつ、ゆっくりと歯車が送られて行く。従って、ゼンマイを目一杯巻けば一年以上動き続けることになる。ただし、肝心のワイヤは伸びる性質を有しているので、時計の精度には難点がある。機械素材は真鍮。台座は赤銅。硝子ホヤ入。

装飾置時計・セイコー舎製〈東京〉（大正～昭和初期）高一三ｃｍ

そう時代のある置時計ではないが、この手のものでも数少なくなってしまった。装飾としてのキューピットはアンチモン（鋳造用合金）製。昔は単に「アンチン」と呼ばれていた。台座は大理石のような斑紋瑪瑙色の失透ガラス製。テンプ式・一週間巻。

装飾置時計・ＳＥＩＫＯ舎製〈東京〉

（大正期）高一六ｃｍ

エンジェルは大正時代に流行した造形である。ポスト印象派のロダンらを日本に紹介したのは大正期の白樺派だが、本品もそうした時代の雰囲気を醸し出している。多感な少女の部屋に飾られていたような置時計。機械は標準型の一日巻。テンプ式。

装飾置時計・日本製
（大正期）高二五・五cm
トップのターミナルは王冠風（あるいは冑上部の角飾）のデザイン。ケースの大理石を縦横に構成し、それらは共に真鍮製を用いている。四柱の先にドングリ形の頂華（フィニアル）が付く。文字盤の下にはリボン飾のレリーフ。八日巻・テンプ式。

目覚時計
セイコー舎製〈東京〉
（大正～昭和初期）高一八cm
真鍮板プレスのケース。オルゴール付。テンプ式・八日巻。

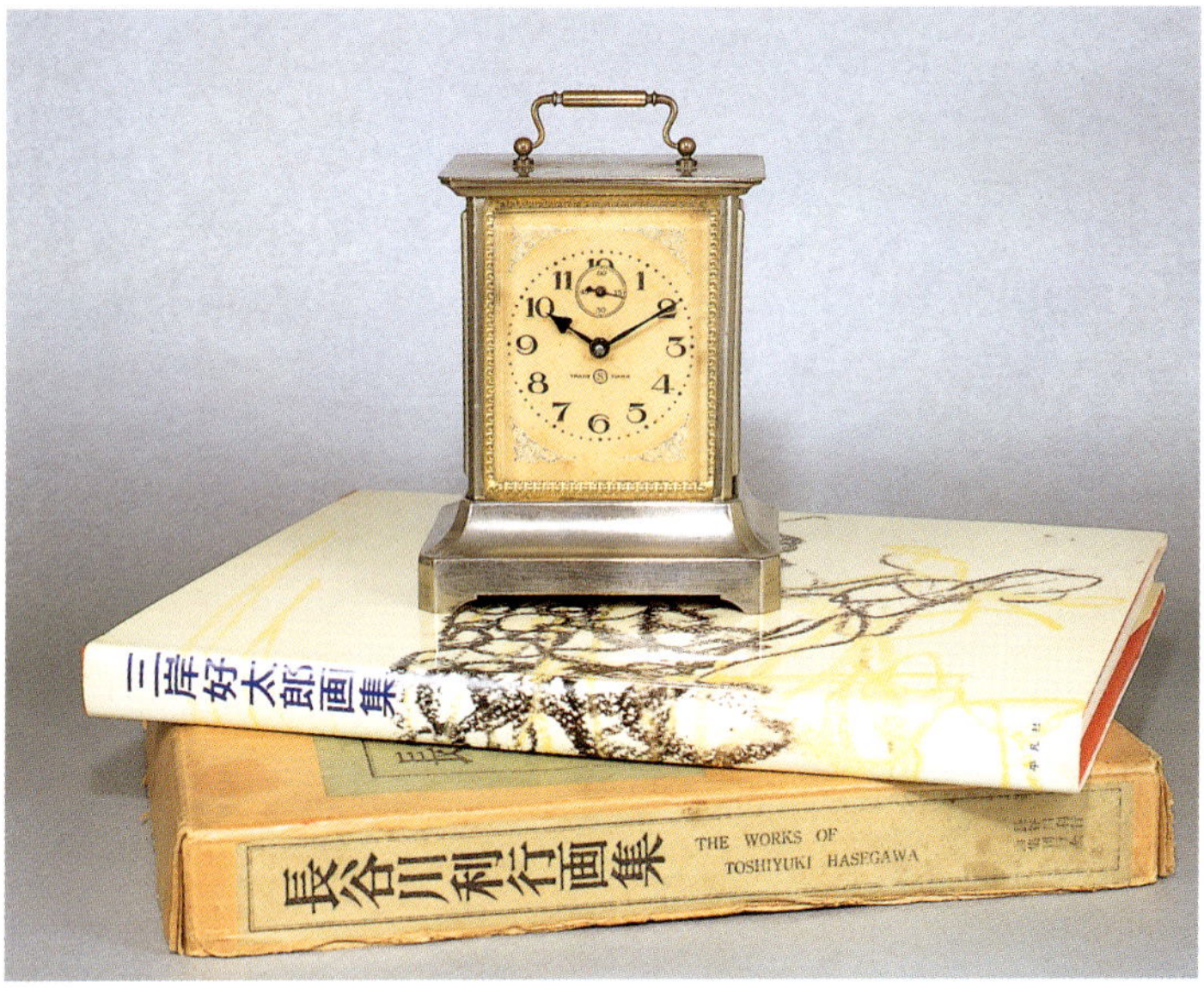

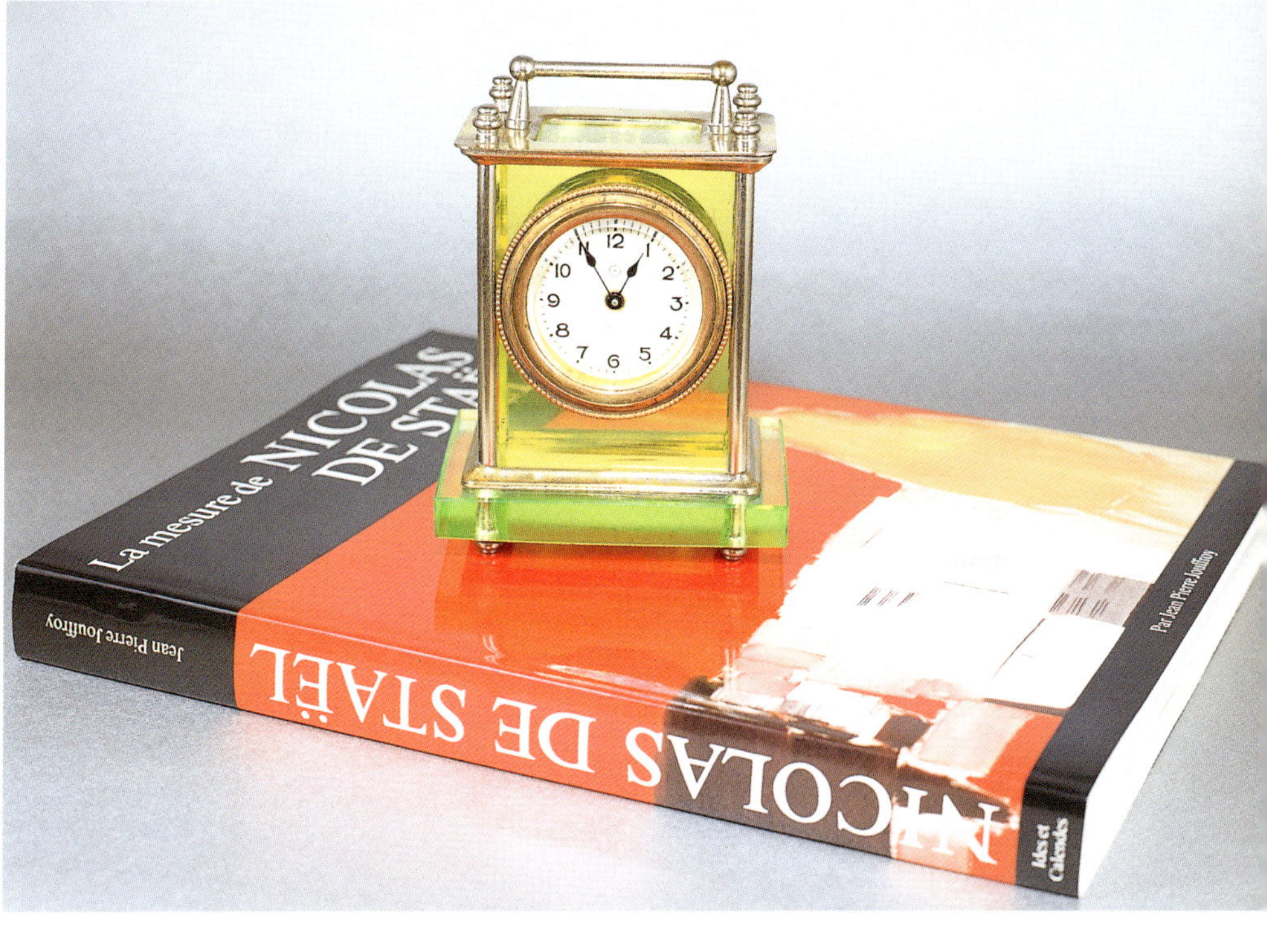

ウランガラス置時計・セイコー舎製〈東京〉
（昭和前期）高一四cm
翡翠色のウランガラスをフレームに用いた置時計。子供の頃に、どこの家庭でも良く見かけたタイプ。テンプ式・一週間巻。ちなみに、日本でウランガラスが製品素材として盛んに利用されたのは、大正から昭和にかかる頃だが、その素材技術を日本に初めて導入したのは、明治三二年、アメリカ帰りの岩城滝次郎（岩城ガラスの創設者）である。

額型置時計 キンツレ社製〈ドイツ〉

（大正期）高七・六cm

真鍮製の額縁は紺地に紐繁紋。二インチ文字盤内には、聖人と天使が描かれている。テンプ式・八日巻。

目覚時計・セイコー舎製〈東京〉

（大正期）高一三・五cm

縦長のシンプルな置時計である。目覚だが、上のボタンを押すと呼び鈴にもなる。素材は真鍮。二インチ・白琺瑯地文字盤・テンプ式・八日巻。

目覚時計・フランス製

（明治後期）高一〇・五cm

真鍮製に金メッキ処理を施した、小さな置時計。まさにグッド・デザイン。二インチ・白色琺瑯地の文字盤下方には、金彩による花柄模様が繊細可憐に描かれている。流行に左右されず、飽きのこない姿かたちは、目覚時計の定番（スタンダード）といえる。テンプ式・一週間巻。

目覚時計・キンツレ社製〈ドイツ〉（大正期）高一一・五ｃｍ

いかにも使い勝手の良さそうな置時計である。フレームは真鍮製プレス仕上げで、一切無駄のない、こざっぱりとしたデザイン。提手も両足も合理的で機能的。三インチ・銀地文字盤・テンプ式・三日巻。

七宝製目覚時計・キンツレ社製〈ドイツ〉（明治後期～大正期）高七ｃｍ

中国七宝の模様と鮮やかなライトブルーが、極小のボディに一際映えて見える。一流メーカー・キンツレのコンセプトは、このような掌品にも鏤められ、女性的なデザインに生かされている。テンプ式・一週間巻。

R型目覚時計
ユンハンス社製
〈ドイツ〉

（大正期）高七cm

掌に乗るほどの小振で、とても愛くるしい置時計。ケースは真鍮製の銀メッキ処理。一・五インチの白琺瑯地文字盤。目覚用の時刻ダイヤルは、裏側の機械の方に付いている。テンプ式・三日巻。

アラーム時計／双鈴目覚時計

（明治期）高一一・五cm

製造元は不詳だが、風格のある置時計。三インチ・文字盤の丸枠は、真鍮製に金メッキ、台座は彫金花唐草紋に銀メッキで、その上に対のベルが付く。元来、ベルも銀メッキされていたが、今は剥落している。本品の目覚は、ある時間が来て装置を解除せずにおくと、延々一五分も鳴り続ける。何がなんでも起こしてみせるといった、義務に忠実な時計である。二つのベルが同時に鳴るから、かなり喧しい。これで朝の微睡みは一変してしまう。どうせ目覚めさせてくれるのなら、優しい音色で願いたいものだが、本品にそんな甘い希望は聞いてもらえそうにない。もっとも、ベルが心地良くて、うっかり寝過ごしたり遅刻したりでは、それはもう目覚とは呼べないかもしれない。果たして読者の方々は、残酷に叩き起こすベルと、寝坊を誘発するベルと、どちらがお好みだろうか。いずれにせよ、朝が辛いのは確か。テンプ式・一日巻・秒針とアラーム付。

目覚双鈴時計
キンツレ社製
〈ドイツ〉

（明治末期〜大正期）
高一八・五cm

ケースのフレームはニッケル製。対のベルは典型的な鐘形で、真鍮に銀メッキ処理が施されている。三インチ・銀地文字盤・テンプ式・一週間巻・アラーム付。

ガラス張置時計

（大正期）高一〇・五cm

時計を作動させる機構（ムーブメント）がガラス越しに見える。その精密で組織的な形象は、一つの「機能美」を誇っているみたい。試作品かもしれない。テンプ式・一日巻。

オルゴール目覚時計
精工舎製〈東京〉

（明治後期）高一八・五cm

精工舎は明治三五年にオルゴール目覚時計の製造を始めた。本品の曲目は「日本海軍」。縦四方の外装はニッケル。三インチ・白琺瑯地文字盤の周囲は、真鍮彫金の唐草紋が金メッキされ輝く。目覚時刻ダイヤルは裏側に設備。テンプ式・一週間巻・オルゴール用動力付。

山型置時計・ユンハンス社製〈ドイツ〉（大正期）高九ｃｍ

一五六頁のウランガラス製時計と同じ素材を用いるが、本品はドイツ産。元来、ガラスにはウランなどが融混し、それによってさまざまな蛍光色を出す。その特質を利用したのがウランガラス材で、極く微量の放射能をもつが、これは人間や自然環境の有する安全量と同じ程度のもので問題はない。テンプ式・一週間巻。ちなみに日本では、明治末からしばらくの期間、ウランガラスは輸入に頼っていた。日本で採掘を開始したのは昭和三一年頃で、その産地として有名なのが、岡山県苫田郡上齋原（かみさいはら）村の人形峠。

額縁装飾置時計・ドイツ製（大正期）高一一ｃｍ

額縁は真鍮細工に金メッキ処理を施し、トップと台足部には、花柄模様の七宝装飾。角形文字盤の中心面は、田園風景が淡彩色で描かれ、女性の好みそうなタイプ。指針にも繊細さが見て取れる。テンプ式・八日巻。

時計図案／マッチ・ラベル

明治期の版画（錦絵）は、文明開化でもたらされた諸物をたくさん主題化している。しかし当時、舶来品の一つだった機械時計が、表立って従来の版画に登場している例はまずない。明治八年、東京市三田四國町の工場で、清水誠というフランス帰りの技官によって、本邦初のマッチ（安全燐寸）が製造されたという。以後、たちまちマッチ作りは産業化され、大阪と神戸には海外（上海など）向けマッチ工場が栄え、輸出用マッチは明治末期まで日本の主力貿易商品の地位を占めるまでになった。そうした輸出用マッチは、一説に、ラベル（極小の木版画）が良かったので人気が出たと考えられている。このマッチの需要増大が、時代の変化で窮した絵師・画工の技術を再び蘇らせた。こうして活路を開いた図案師達は、かつてない主題に取り組み、社会の隅々に目を配り、素早く流行を捕らえ、人々の欲望に訴え、マッチ・ラベルという「商標・張紙・広告」の小宇宙を誕生させたのである。時計図案のラベルは、当時の最先端情報だったに違いない。

懐中時計型瑠璃彩磁ボトル・イギリス製
（一九二〇年代頃）高二九・五cm

掛時計型色絵一輪挿三種・伊万里製
（明治後期）高一〇〜一五cm

和らんぷ／吊らんぷ

日本の灯火具は明治時代になって大転換を遂げ、文明開化の社会をかつてない明度で照らし始めた。その象徴的な道具の一つがランプである。英語でランプと呼ばれる舶来の灯火具は、一般的には石油を燃料とし、それを容れておく油壷（金属製・ガラス製）を備え、この容器に口金（バーナー・火口）を付け、これにガラス火屋（ホヤ）を挿し、その上から笠（ガラス製・紙製など）を被せたり置いたりして、油壷の中に綿糸製の灯芯（平芯・巻芯・丸芯）を入れ石油に浸し、毛細管現象を利用し、明るく燃える炎を点灯させる。ランプは幕末頃すでに欧米から輸入されていたが、たちまち評判となり、明治五年頃には国産ランプ（和らんぷ）が製造市販されたと言われている。やがて、明治三〇年代、和らんぷ全盛期を迎える。しかし大正期に入ると、電灯が広範に普及し始め、やがて和らんぷは、その活躍の場を徐々に狭められ、約五〇年の短く儚い夢の煌めきを残し消えて行くことになる。

吊らんぷは、和らんぷの代表的な形態で、庶民の茶の間、玄関、廊下、台所などの天井に吊るされ活躍した。ここに掲載したタイプは、どちらかといえば都会向だが、田舎の方では、手作りに近い紙笠、ブリキ油壷、板ガラスを木枠に嵌めて火屋の代用品とするような、素朴な吊らんぷが主役だった。

吊らんぷ・日本製
（明治期）
笠径二七ｃｍ／
吊高六四・五ｃｍ

ガラス笠は灯火を良く反射しそうな乳白色。油壷もガラス製で、青に乳白の色被が羽状紋となっている。この加飾技法は「かきあげ」とか「ソーメン流し」とも呼ばれ、当時かなり流行したガラス装飾だったようで、その手の製品は数多く残され、今なお、ランプ愛好家はもとより、ガラス・ファンの間に根強い人気がある。ただ、本品に見られる羽状紋油壷はとても珍しい。鉄製のサヤは笠と油壷に接し組まれ、横棒の両端には青ガラス玉の耳飾を垂らしてある。全てオリジナルである。

吊らんぷ装飾金具付／ホール-シャンデリア-ランプ

日本製・外国製〈合作〉

（明治期）吊高九八ｃｍ

サヤは三方支えで、天井から上下する鎖吊（ランプ自在風）になっている。油壷の底から下がる突起部を摘まみ引くと、本体が降りてくる仕組み。また、上方にある錘金具（おもり）は、本体とほぼ同じ重量で、最上部の滑車と連動して、本品を任意の位置に止めることができるから、点火や火口調節する時に大変便利。サヤの装飾は、鳳凰に唐草紋をデザインした力強い透彫鋳造で、外国製と思われる。吊るすと九八センチにも達する大形サイズである。それに対して、ピンクの油壷は日本製。白エナメル加飾による、愛らしい梅の花葉紋が施されている。明治の文明開化が生んだ「美と用」を兼ね備えた和洋折衷品といえよう。

川上 澄生
木版手彩色「女と洋燈」
（昭和三四年）二八・五×三九・八ｃｍ

吊らんぷ
日本製（明治期）

笠径三四・五ｃｍ／吊高四八・五ｃｍ

笠は襞紋による乳白色ガラで、平凡なようだが、類品をあまり見かけない。油壷は透明青ガラス製。サヤは鉄製の延棒（細延板）状のフレームで、油壷を片側から支持し、さらにまた、腕（片棒）を伸ばし上方の笠を担いでいる。バランス感覚が絶妙の和らんぷ。

吊らんぷ
日本製（明治期）笠径三四ｃｍ

ガラス笠は平型で扇子折状の細筋紋。笠の外縁を透明にし、内側が青の色被。このタイプは、後発の灯火器具として一般化する電灯の笠に良く見受けられるが、和らんぷ用のものは珍しく、現存数も少ない。そうした点で、装飾的な笠の草分けといえる。油壷のガラスは鮮やかなトルコブルー。サヤは唐草紋の鋳物製で、その透彫の間柄がステンドガラスになっている。

吊らんぷ
日本製
（明治末期）笠径二三ｃｍ

平碗状に細かい突起紋をもつ笠は、型押による成形で、浅緑の色被。油壺は深緑の透明ガラス。このような型ガラスや口金、そしてサヤの様子、壁とかに掛けても利用できたスタイルなどから見て、明治末期頃に量産された製品の一つと思われる。あるいはまた、アジア各国へ輸出されていたのかもしれない。和らんぷの量産品がオリジナルのまま残っている例は稀であろう。

吊らんぷ
日本製
（明治末期）笠径二三・五ｃｍ

上に掲載した型ガラスの笠や油壺とほぼ同じ種類のものを用いている吊らんぷだが、色違いである。また、サヤの鉄製フレームも異なり、本品は曲線的な骨組みで、壁掛け兼用の把手もない。同型とはいいながら、雰囲気はまったく異なっている。

吊らんぷ・日本製（明治期）笠径三二ｃｍ

襞紋（フリル）が入った乳白色の平笠に、青の色被で縁取ってある。藍色の油壷は切子（カットガラス）。サヤの両側には、鋳造の魚紋装飾を施し、味を出している。この種の吊らんぷは、必要とあれば、部屋から玄関へと手軽に移動できる実用性が重宝がられ、日本ではかなり普及したようである。

吊らんぷ・日本製（明治期）笠径三二ｃｍ

笠を縁取るピンクと、油壷のマゼンタが響き合い、灯火時には、油壷を透かして金色に変化する光が降り注ぎ、それはそれは優美である。普通の家庭の夜がそのような照明に包まれていたとすれば、明治という時代に満ち溢れたロマンも理解できる。これは懐古趣味に過ぎるだろうか。

川上　澄生　木版手彩色「洋燈と悪魔」（昭和三二年頃）二八×二六ｃｍ

吊らんぷ

日本製（明治期）笠径三三・五cm

笠は丸皿型。乳白ガラスの縁に上品な紅を差している。鉄製サヤは達磨形の輪郭を描き、その下端に彫金飾を施す。油壷はシンプルな透明ガラス。全体的に丸味を帯びた感じである。これ一つでも、質素な日本の生活を潤すに十分な役目を果たしてきたのだろう。

吊らんぷ

日本製（明治期）笠径三〇cm

丸皿型に乳白色のガラス笠を、内面にかけ紅ぼかしで縁取る。火屋は典型的なラッキョ形。サヤの左右に張ったところには、小さな鉄製細工が見える。油壷は紺碧の厚手ガラス。吊らんぷの多くは油壷に平芯を入れて使用したが、それは燃費が良く経済的だったからと言われている。

われはかぜとなりたや
あのひとの
うしろよりふき
あのひとの
まへに
はだかる
はつなつのかぜとなりたや
澄

川上澄生

木版彩色「青髯」―わが願い（昭和二年）二二×一五・五cm

吊らんぷ 日本製

（明治期）笠径三〇・五cm

ガラス笠は山襞。油壷は透明ガラスにエッチング。この腐蝕技法は、ガラス加飾に多用されている。通常、エッチングは、ガラス表面にワックス類を塗り、印判などによる模様部分のワックスを除き、混合薬品液に浸すと、侵蝕されて凹んだ模様ができる。火屋は細い円筒状の「竹ホヤ」である。

吊らんぷ 日本製

（明治期）笠径二一cm

ガラス笠は細筋の襞紋に、青色を被せて縁取る。鉄製サヤも透明ガラスの油壷も素朴で小振り。初期の和らんぷは、むろん舶来の模倣から始まった。この事情は明治の掛・置時計の製品にも当てはまる。和らんぷの場合、その模倣は笠や油壷や火屋から始まり、すぐに商品化できるようになったと言われる。

吊らんぷ
日本製（明治期）笠径一九ｃｍ

乳白ガラスの石笠が面白い。西欧のクラーテールという容器を逆さにしたような形（鐘状）で、上部は茶碗の撥高台に似ている。口縁には幅広の金彩が覆輪に巻かれ、全体に異風を漂わせる。火屋はラッキョ形、油壷は厚手の緑ガラス。サヤは細い延板状の骨組みである。

モスク用吊ランプ　高六七ｃｍ

和らんぷとは全く趣を異にする壷形の吊ガラス・ランプ。笠というよりは、光を逃がさないシェードと呼ぶのが相応しいロイヤルブルーガラスの器面を、金や顔料によるエナメリング彩画が覆っている。装飾のモチーフは、コーランの詩頌を描くことにあったようで、球面にはイスラム固有の窓絵風花卉紋を施し、上部の縁辺に共柄の小さな珠玉ガラスを連ね瓔珞風。その口縁の内側を、飾板金具のシャフトが通り、吊具の三方鎖は天井のフックと繋がる。油皿にオリーブ油などを入れ、灯芯に点火すると、淡い炎が全体の装飾を影絵のように浮かび上がらせ、典雅な風情を醸し出す。この手のランプ（灯火具）は、おそらくモスクや宮殿に備えられたと思われるが、その歴史は古く、ビザンチン時代に起源をもつシャンデリア・スタイルで、やがてイタリアのヴェネチアへ伝わり、後世に受け継がれて行く。

和らんぷ／台（卓上・座敷）らんぷ

吊らんぷは天上から下げるのに対し、台らんぷは下に置いて用いる。一般に、日本的な台らんぷの高さは旧来の灯台や燭台とほぼ同寸で、畳の生活に適合した造りになっている。卓上らんぷと称するタイプは、書斎などの文字通り卓（机・テーブル）に置いて使われるので、比較的脚が短く、そのため、畳や床上に置いて利用する際は、適当な台を用意する必要があった。このような台の中には、特注による優れた木製品などがあり、その専用に設えられた台らんぷは、より一層、和様の雰囲気を帯びることになる。その点、座敷らんぷ（これも文字通りの用途が中心）は、初めから日本家屋の居住空間・生活様式に向いた寸法をもっている。

台（卓上）らんぷ・日本製

（明治三〇〜四〇年代）高六七・五ｃｍ

薄い赤と乳白の色を被た笠は、口縁が大きく波打ち、襞を寄せている。このタイプは俗に「金魚鉢」と呼ばれ、珍重されてきた。油壷は青白磁（影青）に釉裏紅（辰砂紋）が入る。支柱は把手付瓢箪形の平戸焼。その白磁胎には、細密描写の山水図が染付で施されている。台座部は彫金装飾・金メッキ仕立ての金具を取り付ける。まさしく優美な出来映えの和らんぷである。

台（卓上）らんぷ・日本製

（明治三〇～四〇年代）高五四ｃｍ

金魚鉢の褶曲（山襞状の凹凸）紋が妖婉にあらわれた笠を有す華麗な和らんぷ。その口縁は茜の色被、胴部に磨ガラス（サンド・ブラスト）などを使い分け、比類のない装飾を施している。油壷は百合紋をあしらった彩磁器。見るからに高貴な出自を感じさせる。

川上　澄生

木版彩色「らんぷ図」（昭和初期）二四・五×一九ｃｍ

台（卓上）らんぷ・日本製　（明治期）高六一・五ｃｍ

金魚鉢タイプの装飾笠を、縹（はなだ）の色被で縁取り、光壷（ガラス胴部）はサンド・ブラストによる艶消と早蕨紋で処理する。その下の油壷、脚と台座部は一体となった伊万里製。例の青海波や花折枝紋、祥瑞地紋などがコバルト・ブルーで緻密に描かれている。

台（卓上）らんぷ
日本製（明治期）
高五一・五ｃｍ

笠は上部を少し狭めた細口とし、透明ガラスに乳白の色被で覆う。油壷と脚・台座部は露草色ガラスによる共造。その姿かたち、配色などのオリジナルなデザインには、軽妙洒脱なセンスが感じられる。

台（卓上）らんぷ
日本製（明治期）

高五四・五cm

前頁の左に掲載した和らんぷと雰囲気が似ている。球形のガラス笠（丸笠）は、乳白と透明で二分されている。油壷、脚、台座はパステルピンク・ガラスの共造。小振の部類でも、手応えと安定感がある。

台（卓上）らんぷ・日本製（明治期）高五六・五cm

金魚鉢のガラス笠には、文明開化を彩ってきた華がある。この和らんぷにも、その残り香がうっすらと漂っている。油壷の濃い青が、炎と一緒に立ち昇って、笠の口縁を薄く染め上げた感じがする。火を灯せば、空から明かりが降り注ぎ、台座の乳白色は鮮やかなスカイブルーに変わるかもしれない。ちなみに、台らんぷの多くは、光力の強い巻型の灯芯を使っていた。

台（卓上）らんぷ
日本製（明治期）

高四九・五ｃｍ

すらっと伸びたスタイルは、洗練された異国のファッションを見る感じ。キャンドルライト風の笠を縁取る色被と、鎬を入れた台座の青磁とが呼応し合っている。

台（卓上）らんぷ
日本製（明治期）

高四九ｃｍ

ゆったりと波打つ花笠の縁取りは、色被による淡い赤で、油壷を彩る苺色ガラスの余韻から発色したみたい。また、笠の胴部に入るサンド・ブラストの曇色と、台座の白磁とが微妙なコントラストを示している。女性の色気さえ映して、艶やかに装う小柄な和らんぷである。

台らんぷ・日本製

（明治期）高七六・五cm

和らんぷ特有の「金魚鉢」と称される花笠は、明治三〇年代から四〇年代にかけて盛んに造られ、人気を呼んだ。本品にも明治全盛期の充実振りが偲ばれる。鉄製塔組みの脚台が付く。

台（卓上）らんぷ

日本製（明治期）

高五九・五cm

花笠の「金魚鉢」と青ガラスの油壷が調和し、真鍮製の脚台とも自然に馴染んでいる。

台らんぷ・日本製

（明治期）高七八・五cm

清楚に咲いた笠の花弁を彩るサンドブラストの可憐な模様は、明治ビイドロ師の技とロマンが遺憾なく発揮されている。鉄製鋳造の脚台にも時代の息吹が感じられる。

台らんぷ・日本製（明治期）高七九ｃｍ

ふっくらとした丸笠は、きりっと紅を引き、透明ガラスの油壷は、小気味良く一四面取を加えてある。すらりとした脚台には、鉄塔状の鋳造骨組みを施し、洋風を漂わせている。和と洋の巧まざる構成は見事である。

台らんぷ・日本製（明治期）高六八ｃｍ

丸笠に赤と艶消のグラデーションが滲む中で、菊紋のシャープなカットが冴えている。薄色紫の脚には、千段巻の装飾が入り、台座は漆黒で、共にガラス製。和らんぷの面目躍如といった趣である。

台らんぷ・日本製（明治期）高七六ｃｍ

赤縁花笠の「金魚鉢」には、磨ガラス（艶消ガラス・曇ガラス）とサンドブラストによる加飾処理が施されている。油壷・脚・台座は鋳造洋銀製。明治時代の於母影を今に伝えた和らんぷ。

台（座敷）らんぷ・日本製（明治三〇〜四〇年代）高八七・五ｃｍ

典型的な「金魚鉢」の花笠に、装飾的な色被ガラスの油壷を組み合わせ、鋳造鉄製のシンプルな脚台を備え付けている。総じて、洗練され飽きのこないオリジナルならではの統一美が魅力で、この種の簡素な中にも華やぎを放つ和らんぷは、普段の生活を潤すには最適な灯火具として利用されてきた。ちなみに、故白洲正子氏は、本品と同型の座敷らんぷを所蔵されていたと記憶する。

台（座敷）らんぷ・日本製（明治三〇～四〇年代）高七六・五ｃｍ

油壷は口金の下部が嵌め込み式になっており、その容器部分から細脚・菊型台座まで木製の黒漆塗。ここに見られる様式は、らんぷ以前の灯台・燭台類が備えた構造を部分的に受け継ぐかたちの、いわば過渡的な形態といえる。この過去の遺風を残した和らんぷは、当時たくさん造られ、明治を特徴付ける灯火具の一つになった。それを「和風座敷蘭風」と称し愛でるマニアもいる。

台（座敷）らんぷ・日本製（明治三〇～四〇年代）高七六ｃｍ

支柱（脚）は、山水図を描いた太い竹筒で、木工細工の台座に組み込んでいる。この竹筒スタイルも台らんぷに数多く用いられているが、その中でも出色の出来栄えを魅せ、「和風座敷蘭風」の代表的な逸品といえよう。

燈具と明かり

日本における燈具の祖形は、縄文時代の凹石、雨垂石、吊手型土器などとみられ、既に火を用いた明かりの暮らしが始まっていた。その後、古代・中世を通してうかがえる明かりは、ほぼ宗教的な色彩を帯びてくるが、燃料油や灯芯らしきものも利用されていたようである。そして中世から近世への移行期に、和蝋が登場し、以降、様々な日本独特の燈具を誕生させ、明かりの歴史に一大画期をもたらした。世界的に見れば、メソポタミア、エジプト、中国などにおける燈具の出土も、縄文と同様、先史時代に遡り、ロウソクの利用は古代ギリシア・ローマ時代を嚆矢とする。そのギリシア先史時代には、油壷や油皿を用いた燈具も現れ、紀元前後のポンペイからは、金製のオイルランプが発掘され、文明の高度な発展を物語るものとして注目された。ちなみに、ロウソクはフランス語でシャンデル（Ｃｈａｎｄｅｌｌｅ・英語ではＣａｎｄｌｅ）といい、むろんシャンデリアの語源である。

ギリシア燈火具（一八世紀）高一二ｃｍ

河井　寛次郎　色紙肉筆「画賛」二七×二四ｃｍ

吊燈籠・日本製 （明治初期）高四〇ｃｍ

古代日本に伝来した仏教は、燈具の歴史に新たな一頁を加えた。東大寺大仏開眼供養の際に、大仏殿正面を灯したとされる八角燈籠は、その時代を代表する燈具の一つ。以後、燈籠は寺社信仰に不可欠な明かりの道具として定着する。燈籠の様式には、吊燈籠、台燈籠、置燈籠、高燈籠などがあり、形状としては、八角形、六角形、菱形、方形、縦長形、丸形などがあり、素材的には主に金属製、石製などがある。ここに掲載した丸形鉄製の吊燈籠は、鋳造による菊紋透彫が入り、球面に配線用の穴を穿ってある。明治以前の燈籠は、内部に備えられた燭台が外装と一体造になっている。

ランタン・フランス製 （一九世紀）高四七ｃｍ

ランタン（Ｌａｎｔｅｒｎ）には角燈、方燈、提灯などの意味がある。箱形の手提ランプもランタンに含める。「明かり」の意味をもつカンテラは、ランタンと同類で、ポータブルランプとも呼ばれる。本品は用途的にみて外燈・門燈のような照明道具（燈具）である。鉄枠にはステンドガラスを嵌め込んでいる。

七官青磁燭台・中国竜泉窯製（明代中期）高二〇cm

青白磁捻捲燭台・中国製（北宋期）高一二cm

鶴形燭台付
鶴亀象嵌三足銅香炉・日本製（明治期）全高一九cm

菖蒲形真鍮金メッキ製燭台・日本製（明治期）高三四cm

古時計おぼえがき

ここに纏めた小篇は、体系的・研究的な論述とは全く無縁の、いわば付録である。日本には、時計に関する研究書や文献資料集に類したテキストが数多くあり、その数十倍もの書籍が外国で出版されている。機械時計を主題にした本だけでも優に数十冊を越えている。それだけ、古時計が魅力的なのかもしれない。私はそうした分野の専門家ではなく、古時計の歴史や技術を扱った本の熱心な読者でもない。私は自らの不勉強を躊躇せず認めるものだが、古時計への愛情、それに衝き動かされて集めた古時計の質量に関しては、人後に落ちないつもりである。この自負が本書を刊行する直接の動機になっている。しかし、当然のこととして、出版するからには、先人が苦労して築いた様々な業績を無視するわけにはいかない。それら貴重な礎石の上に立って、私は私なりに、ささやかながら了解したあれこれを記してみようと思う。この雑文を「古時計おぼえがき」とする所以である。

竹久 夢二　木版彩色「麻利耶観音」（大正八年）二五・五×一一ｃｍ

伊東 深水　木版彩色『化粧』（堀田時計店・私製）三四×二六ｃｍ

日本、アメリカ、ドイツの時計産業

明治新政府発足と軌を一つにして、いわゆる「文明開化」の時代が到来した。維新前後、太平洋の波濤を越えて、逐次、舶載されてきたアメリカ製の時計も、まさしく明治舶来文化を象徴する文物の一つにほかならなかった。しかし、「文明開化」期に移ったとはいえ、それら洋時計が急速に日本社会に浸透し普及して行ったわけではない。その進行状況は、むしろ緩慢であったといってよい。この原因を一言で要約すれば、時計が高級品に過ぎたということである。時計に限らず、商品が普及・浸透するには廉価かつ量産可能でなければならず、またそれを消費する経済基盤が整っていなければならない。そうした条件を満たして初めて、商品は一般化・大衆化する。その点、明治期に舶来した時計を取り巻く環境は決して良くなく、日本の社会生活上、あまりにも不釣合な商品であった。

例えば、明治元年から同二一年までの二〇年間、掛時計・置時計類の対日輸入個数がいかに少量であったかをみても、普及・浸透の程度は察することができる。参考にその統計資料（大蔵省調査資料・但し四年毎）を次に示してみよう。

明治元年【一、一八五個】／同五年【七、五一一個】／同九年【八七、一七七個】／
同一三年【八八、七四二個】／同一七年【三五、一三〇個】／同二一年【九八、五八九個】

以上の数字は、置時計を含んだ輸入量であり、掛時計だけの正確な数字となると、詳らかな調査が行われていないので示しえない。ただ、この時期、諸般の事情を勘案すれば、掛時計の輸入個数の方が、置時計の数より上回っていたと考えて間違いない。また明治時代を通じて、時計類の需要動向は明らかに掛時計に傾いていたものと推定できる。明治二六年の大蔵省文献に記す「掛時計ハ米国トーマス時計製造会社ノ製造ニ係リ、俗ニボンボン時計ト称スル類最モ多数ナラン歟。然ルニ内地ニ於ケル本類ノ製造ハ年ヲ逐テ進歩シ、（中略）今需要ノ最モ多キハボンボンニテ（後略）」という叙述は、掛時計と置時計との需要傾向の消息を、雄弁に物語っているように思われる。

明治初期における洋時計の購買層は、主に公共施設・機関といえる。それらは公共的な場所に設置するためのもので、庶民には高嶺の花であった。やがて徐々に、一般家庭の中にも普及して行くわけだが、そうなるまでには、かなりの時が経過しなければならなかったのである。先陣を飾った公共施設のなかでも、仕事の性質上もっとも掛時計を必要とした場所は、「汽笛一声・新橋駅」から出発する蒸気機関の車内であった。当時の列車内に必備されていたという掛時計は、たいがいアメリカのセス・トーマス社製八角型だったらしい。従って、この掛時計には、日本国有鉄道百年の歩みを彩る輝かしい履歴の巻頭言が標されている。大変名誉な掛時計といえよう。

日本が明治五年に、それまでの不定時法を定時法の時制へ転換させ、それから昭和初期までの五〇余年、むろん国内でも時計製造は行われてきた。その嚆矢ともいうべき「時計」は、明治五年、金子元助氏の手によって誕生した。それは水車を動力とするもので、現在の東京港区麻布広尾付近を流れる古川を利用したという。結局その製品は試作止まりで、商品化には至らなかったようだが、この事業は、すぐ後に設立される金元社時計の礎になったといえる。しかし、そうした努力にも係わらず、本格的な時計国産化は実現の一歩手前にとどまり、明治中期頃まで、国内にある掛時計といえば、ほとんどが横浜と神戸の商館を通過した輸入品で占められていた。

アメリカの時計産業は、ビクトリアン時代と呼ばれた一八四〇年から一八九〇年までの五〇年間（日本でいえば天保一一から明治二三年の期間）、既に何百万もの時計を生産していたが、実際に軌道に乗ったのは一八五〇年頃からとみられている。それ以前は、トールケース（ファーザーなど）やピラー&スクロール、あるいは木製機械時計などが中心で、それほど多くは製造されていない。しかし量産体制に入ると、数々の技術改良・商品開発に拍車がかかった。木製の機械は見捨てられ、三〇時間巻の真鍮機械が時計値段の急落をもたらし、ゼンマイ式の開発で新デザインのケースが続々と誕生した。また、新しいテンプ式ムーブメントの改良もケースデザインの種類を豊富にし、新案もの、船舶用、レギュレーター、カレンダー、それに、フランス時計に対抗してデザインされたパーラー・クロックなど次々と商品化されて行った。

アメリカ時計産業の黎明期を支えたのは、技術力をもつ時計師、その数人による協同組合、家内工業的な組織、家族的な同族会社など、小規模な工房・工場だったといえる。そして一八四〇年代、ある程度の資力と労働力を有したメーカーが設立される。チャウンシー・ジェローム率いるジェローム会社である。一八四二年、ジェロームはイギリスへ時計の輸出を始め、それはアメリカ製の時計が世界に進出する先陣となった。次いで四四年、彼はニューヘブンに新工場を作るが、翌年、ブリストルにあった工場を火災で消失、それを機に斜陽し、五五年、ジェローム会社は倒産することになる。ニューヘブン社は五三年に設立されている。当社は血縁関係のない株主を集めた組織に基づきスタートし、その二年後に倒産するジェローム会社の資産を買い取り、大メーカーへと発展して行った。この他、アメリカ時計産業の中で隆盛したメーカーとしては、アンソニア社、イングラハム社、E・N・ウェルチ社、ウォーターベリー社、ギルバート社、セス・トーマス社などだが、それら七大メーカーのいずれもが、設立に際して、例の先駆者ジェロームが何らかの関与をしたとみられている。ちなみに、群雄割拠するメーカーの中でも、一際その名を馳せたアンソニア社は、花形商品・機種を幾つも擁し人気を得、機能性に優れた時計を製造するメーカーとしての地位を不動のものにした。そして今日に至るまで、誉れ高い声価は消えることなく伝えられている。

ドイツの時計メーカーは、アメリカの時計産業と拮抗しながら発展してきた。その最強のメーカーがユンハンス社である。アンソニア社の時計がアメリカ製の主役だとすれば、ユンハンス社製はドイツを、さらにはヨーロッパを代表したといっても過言ではない。ドイツ時計産業が緒に就くのは一八五一年とされ、工場はブラックフォーレスト地方で始動した。またその年、エドワード・ハウサがレンツキッヒに設立した、歯車などの時計部品を専門に製造する工場は、それまでドイツで行われていた家内工業的な工場に取って代わり、以降、時計生産様式が転換する突破口となった。ドイツでは先端技術者の養成も急務だった。その一環として、アルバート・トリッシェラーがアメリカに五年間派遣され、一八五六年に研修を終えて帰国し、ビエンナー時計のゼンマイ式ムーブメントを手掛け、成功することになる。従来の重錘式（おもりで動く方式）の時計と較べれば、ゼンマイ式による時計の小型化は瞠目すべきものがあった。その振子にはR／Aという文字が記された。これらの時計は、一八五四年のミュンヘン博覧会出品後に、ドイツ国内で紹介され評判を集めた。一八六〇年代になると、フランス時計を参考にした金装飾の時計がレンツキッヒで製造され始め、また他でも、錘式ビエンナー時計、廉価な目覚付時計、マントルピースに乗せる置時計など、いろいろと生産されるようになった。レンツキッヒでは、常に、がっちりとした機械に拘り、ドイツ製ならではの高い品質の時計製造に徹した。しかし、そのような職人気質によって、時計の需要を伸ばすことはできなかった。世間という名の市場は、高級な時計よりも安価な時計を求めていた。一九二八年、レンツキッヒ工場はユンハンス社に買収された。

ドイツには、レンツキッヒ工場と同じく、技術に対するプライドを堅持しながら時計製造に打ち込む工場も少なくなかったが、時勢には勝てず、時計生産の中心は新興メーカーに移って行った。その主流がブラック・フォーレスト・クロックで、安物時計の代名詞ともなっていた。ブラック・フォーレストのライバルは、大西洋をへだてたアメリカが量産する時計で、絶えず市場競争によって脅かされた。そうした危機的状況に際しても、なりふりかまわず貪欲にアメリカ的生産工場様式を導入し、より安価な時計を市場に供給して対抗したという。一八五〇年代には、ヨハネス・バーグがシュベニンゲンに工場を設立している。そこで彼は、夜警時計という新商品のために近代的な製造方式を採用したが、ブラック・フォーレスト地方で本格的な生産体制を確立したのは、一般には、シランベルクのエルハルト・ユンハンスだと見做されている。やがて一九世紀も中期頃になると、ユンハンス社は最先端の生産技術を開発し、ますます活況を呈する。そして現在でも、ユンハンスはドイツ最大の時計工場を擁し操業している。

ドイツの時計メーカーとしては、その他に、ハンブルクアメリカン社、シュレンケル・キンツレ社、フリードリッヒ・マンテ社、トーマス・ハーラー社、グスタフーベッカー社、ユニオン・クロック社などがあり、そうしたメーカーの製品も日本に向けて輸出されていた。ただ、それらの時計は、明治日本の未成熟な市場では、それほどの需要はなく、庶民にとっては高額に過ぎ、やはり遠い高嶺の花であった。

当時の世界にあって、アメリカとドイツが時計製造の両翼を担っていたが、むろん、ヨーロッパの他の国々でも優れた時計が生産されていた。スイス、フランス、イギリス、スペイン、オランダなどで、現在でもそれらの時計を目にし手に取る機会があるが、各々、国柄を反映して味わい深く、例えば有名メーカーのものとは全く趣を異にしたアンピール風やバロック風がふいに漂ってきたりするから、古時計の魅力は尽きることがないのである。

さて、日本の明治時代に戻って、この小篇を閉じることにしよう。

明治一〇年頃になると、時計の商人や職人たちは持ち前の器用さを発揮し始める。先に触れた金元時計社がパイオニアとなり、時計技術の研究・発見・製造を追及し、いわばベンチャー・ビジネスをめざして各人が活躍し出す。その結果、各所で時計会社や個人的な工場が創設された。件の金元時計社を筆頭に、荒井常七、林市兵衛、中条勇次、矢内三次郎、吉沼又右衛門、服部金太郎といった面々が実験に成功する。また、それらの動向と相前後して、愛知、大阪、京都でも時計メーカーが出現してくる。そのような百花繚乱を競う時期に、フランス政府主催の東洋農工技芸博覧会があり、日本の出展した時計が見事プールド・メダルを獲得することになる。しかし未だ、欧米を凌ぐだけの技術力は育っておらず、試行錯誤するメーカーの盛衰は激しくなる一方だった。肝心要の技術力は言うに及ばず、そのデザイン面でも苦心し、当時は欧米に追従するのが精一杯の状態で、時計国産化の道は険しいものがあった。見方を変えれば、弱小企業にとっては大きなチャンスが与えられていた時でもあったが、資金力などの弱点が露呈され、さらには技術面の困難をどうにも克服できず、その多くの事業は、試みられては消滅して行った。やがて明治二五年、群雄割拠の中から服部金太郎の興した精工舎が抜け出すことになる。精工舎の躍進が、途上のメーカーや工場に計り知れない影響と刺激を与え、名古屋時計社といった有望な企業の発展を促しつつ、日本の時計産業は曲がりなりにも国産化へ向け確実な一歩を踏み出したのである。しかし概ね、日本（他の国々にも少なからず当てはまるが）における殊に明治期の時計業界は、一つの時代が内包する限界（宿命）に支配されていた。そのことについて、小島健司氏は『明治の時計』（校倉書房）で次のように書いている。少し長いが引用させていただく。

「わが国唯一の大工場で、しかも国産としては価格は高くても、最高の品質をほこる精工舎でも、ある時期には精工舎製であることや、したがって国産であることを隠して、外国品に見せかけて売ったとみられる時期があった。まして、中小掛時計工場は、ほとんど全部がアメリカや、のちにドイツの掛時計をスケッチして、同じ体裁のものを安く作ることに熱中した。外国製の工作機械を輸入し、あるいはそれをコピーし、外国製の部品や材料を輸入し、ときには外国の時計工場や時計学校で技術を習得し、あるいは外国の技術者を招き、外国の時計をモデルにして、その模倣につとめた（後略）」。

とはいえ、それで古時計の価値が問われるわけでは決してない。逆に今、それらが有す歴史的・学術的・美的価値は、ますます高まってきているのである。

ドイツの時計会社設立年代・製造年代とメーカーマークの特徴

【フリードリッヒ・マンテ社】一八七〇年設立
【ハンブルグ・アメリカン社】一八七五年にユンハンス社から分離、一九二六年に再び合併
【トーマスハーラー社】一八八四年に設立、一九〇〇年にユンハンス社と合併
【ユンハンス社製マークの特徴】
※琺瑯地文字盤にメーカーマーク、機械本体または留金部にメーカーマークか文字による刻印
※鷲と旗印マーク（一八七〇年代）
※五星印（一八九〇年代―明治二一～二三年）
※C・W・Cマーク（一九〇〇年代）
※矢印にW・Cマーク（一九〇〇年代）
※七星にJマーク（一九一〇年代）
※八星にIマーク（一九二〇年代）

【ハンブルグ・アメリカン社製マークの特徴】
※兎とP・H・Sを組み合わせたマーク（一八九〇年代）
【バデスチューレン・ファブリック社製マークの特徴】
※三日月にBのマーク（一八九〇年代）
【ブスタフーベッカー社製マークの特徴】
※錨にG・Bのマーク（一九〇〇年代）
【シュレンケル・キンツレ社製マークの特徴】
※鷲が翼を広げた印、またはKIENZLFマーク（一九〇〇年代）

古時計の条件と購入時の注意

完璧と見做せる古時計の条件を以下に並べてみよう。

まず、ケースの外観（外箱）が荒れていないこと。元通りのガラス、および振子窓のガラスも生（うぶ）のままであること。機械、ダイヤル、ラベル、指針などが取り替えられていないこと。特に、文字盤（琺瑯、ペイント、紙など）には要注意である。いわゆるオリジナル・コンデションか否かが重要な条件である。

ある一部分が補修、修理、交換されていれば、当然オリジナル・コンデションとはいえない。それが掛時計であれ、置時計であれ、あるいは懐中や腕時計であれ、古時計としての価値は減少する。時計はオリジナル・コンデションで正確に動くこと、その条件を満たして初めて、価値が与えられるというのが一般的な常識（掟）である。

従って、例えば外観が、いかに素晴らしく見えたとしても、それが一種の「寄せ集め」によるものであったとすれば、また、ささいな部品交換が施されていたとしても、古時計のオリジナル・コンデションは、多かれ少なかれ損なわれているわけで、購入に際しては躊躇せざるを得ないし、それを承知で買うのなら、それ相応の価格によって、すなわち、相対的な価値付けによって、取引されねばならないだろう。もち

ろん、外装に惚れ、美麗な飾物として、限定条件をつけて買うのなら、それはそれで一向にかまわない。ただ、繰り返しになるが、そうして買ったものは、厳密な意味において古時計ではない。

また例えば、古時計だから不正確なのは仕方がない、と思うのは間違っている。外観の純粋性も大切な条件だが、それに負けず劣らず大事なのは、その中身である。店頭に出ている時から動かないのは論外で、動いているけれど直ぐに止まってしまう古時計、調節しても一時的に正常に戻るだけで、再び遅くなったり早くなったりする古時計は、それこそオリジナル・コンデションとはいえない。店の人に、ちょこちょこっと修理されて、あの機械時計特有の歯切れ良いコチコチという刻音を聞くことができたとしても、その場で安易に喜び勇んで買うのは、控えた方が無難であろう。簡単に直る機械は、また逆のことも直ぐ起きる。だから、少しの修理で直る場合も、ある程度手を掛けて直る場合でも、いずれにせよ、その古時計が不完全な状態であることに変わりなく、それをどうしても買いたければ、あるいは売りたければ、完全な修理を済ませたい。その場合、買値（売値）には「完全な修理」の費用が含まれることになる。

普通、店が修理費用を負担しても、掛時計の多くは、さして高く売れるものではない。その手の利益幅が狭い時計類は、たいがいは未修理のままにして置かれ、安価で手軽に売買されている。そして実際、この値段は掘出物だとか言って、不完全な古時計を購入したりすると、後で直したくなって修理に出し、バカにならない費用が掛かり、かえって高価な買物になる例も少なくない。かてて加えて、肝心の時計自体がどうしょうもなく、直してどうこうしても救い難いものだったとしたら、それこそ大損であろう。このような初歩的な失敗も含めて、あれやこれやのリスクは、先に触れた「古時計の条件」さえ心得ていれば回避できるのである。

この小篇の最後に一言。それは近年特に目立ち始め、衰えない古時計の需要と、それに対応する高額化を背景とした問題だが、すなわち倣作の問題である。人気機種に集中した複製（レプリカ）、模造（リプロダクション）、偽物（フェーク）と呼ばれるものが横行し、初心者や善意の人、さらに加えれば無知の人を欺いている。これらを見破るためには、可能な範囲たくさんの古時計を観察すること、基礎的な知識を身につけること、仲間と交流すること、先輩のコレクターや業者に教えを請うこと、自分の目で注意深く調べ一つでも「古時計」を買ってみること、その上、あえて我田引水になるが、本書なども積極的に参照すること、等々を通した経験がものをいうはずである。

古時計追想

子供のころ、一日たりともかかさず、毎朝、日課のように、母は八角花ボタンのネジをまいていた。いまでもその光景が目にうかぶ。古時計をみるたび、笑顔をたやさすことのなかった明るい性格の亡き母のすがたが脳裏をかすめてゆく。

「ｋａｃｈｉ
　ｋａｃｈｉ
　　ｋａｃｈｉ
　　　ＢＯＯＯＮ　ＢＯＮ」

時を刻む端正な音、時を報ずる妙なる音、このふしぎな魅惑につつまれた私は、たちどころに古時計にとりつかれてしまった。古時計のまえにたつと、私はしらずしらずのうちに、こころが清められ、たましいがぬくもってゆくのをおぼえる。

虚無、まよい、辛苦、いきどうり、悲哀、やすらぎ、愉悦、おののき、憤慨、しあわせ、いろいろなこと、かずかぎりなくあった。が、しずかなうたをうたうように、セコンドはあゆみ、振子がゆれる。なきもせず、いかりもせず。そのありさまは、母のすがたとかさなる。母にはなにひとつとして酬いることができなかった。その母は私が二一歳のときに永眠してしまった。いま、じぶんの感性にもっともうったえかけてくるものは古時計といってよい。それは私をみつめている。私は自己確認をせまられる。それは私をいましめる。私はたえる。それは私をとりこにする。私は自由になる。

私は古時計をあきもせずじっとみつめ、たくさんのものとしたしみつづけ、ふれ、もとめ、あつめ、みがき、ぶんかいし、なおし、よみがえらせてきた。古時計には、いまのものなどが、けっしてそなえることのできない、素朴さ、うつくしさ、味、かほり、貌、ほこり、粋がある。時計職人の、明治の、日本のかたちがよみがえってくる。母のおもかげとともに。

………

…………

こころ　たかなりわたる日々の古時計たち
南十字星かがやく　ぎんがのくににねむれし
ぼうきゃくのかなた
いにしえの　しんてんち　ロマン
トーマス・モアの　ユートピアとを
よび　さませし…………
呼鳴…………ろまんロマンＲＯＭＡＮ儚夢…………

参考文献抄録

富田喜馬平『時計と私』　昭和一七年
川上澄生『時計』　私家版・百部限定　昭和一九年
平野光雄『精工舎史話』　昭和四三年
精密工業新聞社編『時計事典』　精密工業新聞社　昭和四三年
塚田泰三郎・本田親蔵『古時計』　東峰書房　昭和四五年
小田幸子『時計』　保育社　昭和四七年
平野光雄『続時計と民具』　日本時計宝石ＰＲセンター　昭和四七年
大西平三訳『図説時計大鑑』　雄山閣　昭和五五年
武笠幸雄『明治大正古掛時計図鑑』　光芸出版　昭和五九年
小島健司『明治の時計』　校倉書房　昭和六三年
Ｓｉｍｏｎ　Ｆｌｅｅｔ『Ｃｌｏｃｋｓ』　Ｎｅｗ　Ｙｏｒｋ　一九六一年
『ＢＬＡＣＫ　ＦＯＲＥＳＴ　ＣＬＯＣＫＳ』　Ｌｏｎｄｏｎ　一九七七年
川上澄生『ランプ』　復刻版・五〇部限定　昭和五二年
由水常雄・加藤孝次『洋燈』　昭和五二年
坪内富士夫『あかりの古道具』　光芸出版　昭和六二年

あとがき

本書にフルカラー掲載した品々は三百余におよんだが、その全ては著者所蔵である。本書を纏める過程で、塚田英五郎氏、船越雅弘氏、高岡要孝、吉田肇氏、木崎繁氏に惜しむことのないご協力をいただき、まずもってここに深くお礼申し述べます。

私は学問的、系統的な研究をしているものではないので、古時計・和らんぷに関するあれこれ、特に古時計の機械面についての詳しい説明は省いた。高度な知識と美意識に親しまれておられる読者へ向けて、私ごときが冗語を弄するのは不必要と考えたからである。ここに掲載した品々については、専門家、研究家、収集家、愛好家、広くは古美術骨董に興味をもつ方々が、この程度のものか、といった感想や印象をもたれるかもしれない。しかしそれは覚悟している。その上で、皆さんにもう一度、頁を捲っていただけるようなら、私の望外の幸せとなる。古時計・和らんぷにも色々ある。美しいもの、質素なもの、華やかなもの、心を潤すもの、心をうつすもの、わくわくさせるもの、珍しいもの、楽しいもの、自慢するもの、誇らしげなもの、純粋なもの、複雑なもの、難しいもの、優しいもの、秀でたもの、飛び抜けたもの等々切りがない。私はそのような古時計・和らんぷ等を追い求め蒐集して三〇年程になるが、現在に至るも、その熱意は変わらない。いや、以前にも増して高まったと言っても良い。そのために私は、私なりの勉強、知識、表現法、保存法、価値付け等に勤しみ、この素晴らしい歴史的文化遺産を後世に託そうと、日夜想い続けている。このことは決して苦にならず、私の情熱と活動は、より持続性をもって、より個性的に展開して行こう。

本書はその一里塚である。内容に一応の充実感を抱いている。たくさん掲載したが、ほぼ把握できているとも思う。多分この中には、皆さんをして驚嘆せしめるものがあると私は信じて疑わない。「珠宝の逸品」「稀有の珍品」が本書の中から幾つも発見されんことを私は願ってやまない。本書の体裁は写真中心の図録とした。贅沢なフルカラーは、私の希望を容れた。掲載の古時計・和らんぷ等は江戸・明治・大正・昭和初期に製造された品々で、いずれも私のコレクションだから、その限りでは私家版的性質の書籍かもしれない。しかし諄いが、内容には自信がある。

今では容易に見たり手にしたりできないものの重要性を、私たちは忘れかけている。近年の日本には、例えば、色も音も言葉も物事も氾濫状態だが、そこに光り輝きが感じられないのは不気味である。明治のものは違う。その明治の一面を象徴する古時計や和らんぷに私は魅せられる。機械の音も花笠の明かりも、光り輝きをもって生活と融合してきた。ノイズにならず、色褪せることなく、確かな輪郭を保って伝えられた。その音や明かりの一片でも粒子でも残り、来るべき新世紀を生きる人々の耳や目に届くなら、未来精神・物質文化の礎ともなるだろう。古時計・和らんぷは、それだけの魅力と価値を有すると、大袈裟に思われるかもしれないが、私はそう考えている。そして私の本願は、ゆくゆくだが、「文明開化博物館」構想の実現にある。

紙幅の都合、もうこれ以上多くは語れない。本来なら私は、家族の名前を謝辞に乗せるようなことをする性分ではないが、ここは例外的として、お許しいただきたい。妻の正子には、夥しい資料やコレクションの整理、原稿の清書、撮影の準備や後処理などで、大変がんばってもらった。息子の幸正には、本書の挿絵を描いてもらったり、無邪気な助手として、苦戦する私を背後から朗らかに支えてくれた。妻子なくして本書の誕生は覚束無く、心から感謝する。

最後になったが、北辰堂の相澤孝氏には、武笠コレクションに価値を認められ、本書出版の意義を薦められ、ひとかたならず御尽力をいただいた。ここに厚く御礼申し上げる次第である。

平成一二年一二月

著者識

著者
武笠幸雄
武幸画廊　経営
〒三三八－〇八〇四
埼玉県浦和市上木崎二－一－六
☎〇四八－八三二－九八八〇

助手
武笠幸正
小学四年

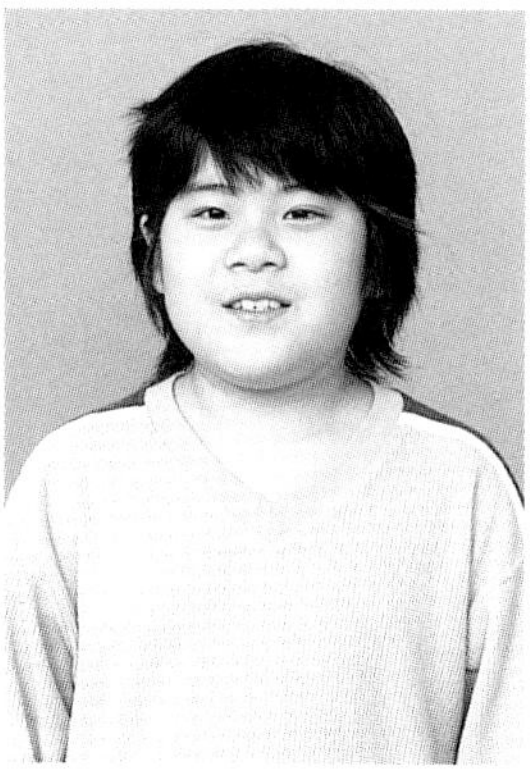

時計とらんぷの小宇宙へ

発行日　二〇〇一年三月一〇日
著　者　武笠幸雄
発行者　相澤孝
発行所　株式会社北辰堂
〒一一二－〇〇〇四　東京都文京区後楽二－一八－九
☎〇三－三八一一－八四九四
振替〇〇一九〇－五－一四三一一四二
印刷製本　株式会社公和美術

ISBN4-89287-247-4 C0672

彩墨画法 12ケ月 西野新川　3500円	花鳥画法 12ケ月 西村昭二郎　3500円	日本画法 12ケ月 高松　登　3500円
日本画歳時記 12ケ月 江守若菜　3500円	日本画写生 12ケ月 市川保道　3500円	水墨画法色紙 扇面 短冊 現代水墨画研究会編　3500円
墨絵・四季の彩り 長縄士郎　3500円	掛軸画法 12ケ月 野崎　貢　3500円	民家を描く 12ケ月 林　喜市郎　3500円
水彩画法 12ケ月 三浦　巌　3500円	俳画手本 12ケ月 安藤栖阜　3500円	楽しむ俳画 岡田喜久子　3500円
水墨淡彩 12ケ月 井村夢丘　3500円	水墨画法色紙お祝い画 片桐白登　編　3500円	水墨画法万葉の花 北辰堂編　3500円
水墨画法花と民家 大島月庵　3500円	水墨画法花古今集新古今集 北辰堂編　3500円	墨絵アートクロス 村山華鳳　3500円
水墨画法水辺の風景 現代水墨画研究会編　3500円	水墨画法山辺の風景 現代水墨画研究会編　3500円	水墨画法はがき絵歳時記 現代水墨画研究会編　3500円
水墨画法掛軸色紙 現代水墨画研究会編　3500円	水墨画法四季のはがき絵 片桐白登　3500円	水墨画法日本の民家 現代水墨画研究会編　3500円
水墨画法花鳥風月 西野新川　4000円	水墨画法鳥獣虫魚 現代水墨画研究会編　3500円	水墨画法山紫水明 現代水墨画研究会編　3500円
詰将棋 100 選 永井英明監　1165円	これが極秘の一手だ 永井英明　1262円	一手の奇襲将棋入門 鈴木宏彦　1165円
現代作歌用語辞典 木俣　修編　2524円	悲恋の歌人たち 木俣　修　1942円	動物信仰事典 芦田正次郎　3000円
仏像見わけ方事典 芦田正次郎　3107円	現代かけこみ寺 吉野孟彦　1456円	仏教イラスト歳時記 北辰堂編　9515円
浮世絵人名価格事典 北辰堂編　3107円	浮世絵の見方事典 吉田　漱　3500円	ノミの市手帳 安岡路洋他　2718円
しろうと骨董掘出事典 末続　尭　2427円	油壷の用と美 英　一太　2913円	油滴天目その世界と技法 雫　浄光　3107円
人形今昔（品切） 竹日忠芳　3786円	時計とらんぷの小宇宙へ 武笠幸雄　5700円	根付入門 伊藤良一　3200円
陶芸三昧学び遊び作る喜び 石井義男　3200円	茶の湯茶盌銘鑑 黒田和哉・北辰堂編著　4000円	ぐい呑大鑑 松原久男・北辰堂編　5200円
現代ぐい呑集 北辰堂編　3107円	現代茶碗集 北辰堂編　4078円	現代皿・鉢集 北辰堂編　3200円
現代陶工事典 北辰堂編　4700円	現代徳利集 北辰堂編　3200円	現代茶入・棗集 北辰堂編　3000円

"優美折手本で学ぶ書芸術の名品"

上海博物館書法名品集

高橋蒼石編　北川博邦監修

■上海博物館所蔵の尤大な資料の中から、未発表作品を中心に厳選。
■楷、行、草、篆、隷、金文の各書体を網羅。
■丁寧でわかりやすい釈文、解説、読下し文付き。

◆セット定価9200円＋税（送料サービス）

上海博物館書法名品集Ⅰ　◆定価3000円＋税

呉讓之集

〈呉讓之集〉
257×91mm（B5判タテ1/2）
総ページ・120ページ
■篆書詩経■隷書臨魯峻碑■隷書臨乙瑛碑
釈文・解説　北川博邦

上海博物館書法名品集Ⅱ　◆定価3200円＋税

呉昌碩集

〈呉昌碩集〉
257×91mm（B5判タテ1/2）
総ページ・117ページ
■篆書詩経■金文臨庚羆卣銘■篆書臨石鼓文乙鼓■篆書臨石鼓文丙鼓■行草書自作詩三首
釈文・解説　佐野光一

上海博物館書法名品集Ⅲ　◆定価3000円＋税

趙之謙集

〈趙之謙集〉
257×91mm（B5判タテ1/2）
総ページ・118ページ
■楷書急就篇
■篆隷書四屏
■隷書軸
釈文・解説　中野　遵